Mathematik 7/8

Diagnostizieren und Fördern

Arbeitsheft

für Schülerinnen und Schüler

Herausgegeben
von Udo Wennekers

Erarbeitet von
Dr. Lothar Flade
Vincent Hammel
Willi Lichtenberg
Ardito Messner

unter Mitarbeit der
Verlagsredaktion

Rationale Zahlen
Terme und Gleichungen

Cornelsen

Wo finde ich was?

Hinweise zur Arbeit mit dem Heft ... 4

Rationale Zahlen

Inhaltsübersicht ... 6
Inhalte und Beispiele ... 7

Vorwissen

Ausgangsdiagnose ... 8
Förderangebot ... 10
Nachdiagnose ... 12

Rationale Zahlen darstellen, vergleichen und ordnen

Ausgangsdiagnose ... 14
Förderangebot ... 16
Nachdiagnose ... 20

Rationale Zahlen addieren und subtrahieren

Ausgangsdiagnose ... 22
Förderangebot ... 24
Nachdiagnose ... 28

Rationale Zahlen multiplizieren und dividieren

Ausgangsdiagnose ... 30
Förderangebot ... 32
Nachdiagnose ... 36

Etwas andere Aufgaben ... 38

Gesamtdiagnose ... 42

Terme und Gleichungen

Inhaltsübersicht 46
Inhalte und Beispiele 47

Vorwissen

Ausgangsdiagnose 48
Förderangebot 50
Nachdiagnose 52

Terme aufstellen und berechnen

Ausgangsdiagnose 54
Förderangebot 56
Nachdiagnose 58

Terme umformen

Ausgangsdiagnose 60
Förderangebot 62
Nachdiagnose 66

Gleichungen

Ausgangsdiagnose 68
Förderangebot 70
Nachdiagnose 74

Etwas andere Aufgaben 76

Gesamtdiagnose 78

Hinweise zur Arbeit mit dem Heft

Liebe Schülerin, lieber Schüler,

mit diesem Heft soll dir die Möglichkeit gegeben werden, dein Wissen und deine Kompetenzen in den Themenbereichen *Rationale Zahlen* sowie *Terme und Gleichungen* selbstständig zu diagnostizieren und gezielt zu verbessern.
Am Anfang jedes Themas steht ein Grundwissenbereich. Mit dessen Hilfe kannst du das nötige Grundwissen prüfen und ausgleichen.
Zur schrittweisen Sicherung deiner Fertigkeiten und Fähigkeiten sind die Themenbereiche in kleinere „Untereinheiten" gegliedert.
Jedes Unterthema enthält eine Ausgangsdiagnose, einen Förderabschnitt und eine Nachdiagnose zur Prüfung deines Lernfortschritts.
Am Ende des Themenbereiches ist schließlich eine Gesamtdiagnose zu absolvieren, bei deren Auswertung du deinen Leistungsstand für das gesamte Themengebiet überprüfen kannst.

Inhaltsübersicht

In der Inhaltsübersicht kannst du einen schnellen Überblick über die wichtigen Begriffe und ihre inhaltlichen Beziehungen erhalten. Du solltest darin zunächst markieren, was du bisher im Unterricht behandelt hast. Dann solltest du eigene Ergänzungen vornehmen, wie zum Beispiel Formeln, die du für wichtig hältst oder Einzelthemen, die nicht in der Übersicht zu finden sind, die aber im Unterricht innerhalb des Themenbereichs behandelt wurden.

Inhalte und Beispiele

Dieser Abschnitt enthält in kurzer Form die wichtigsten Inhalte des jeweiligen Themenbereiches mit ausgewählten Beispielen.

Ausgangsdiagnose und Förderangebot

Dieser Diagnosebogen ist so aufgebaut, dass nur angekreuzt werden muss, ob eine Aussage wahr bzw. falsch ist. Du solltest bei jeder Aufgabe auch möglichst kurz, aber präzise aufschreiben, warum du dich entsprechend entschieden hast.
Vergleiche den ausgefüllten Diagnosebogen mit den Angaben im Lösungsheft.
Hast du alle Aufgaben richtig gelöst und fühlst dich sicher in dem Themenbereich, kannst du an die Lösung der komplexen Aufgaben aus dem anschließenden Förderaufgabenbereich herangehen.
Hast du bei Aufgaben Fehler gemacht, findest du auf dem Arbeitsblatt jeweils einen Verweis, welche Aufgaben aus dem Förderangebot dir helfen können, um diese Fehler künftig zu vermeiden.
Markiere zur Kontrolle auf dem Diagnosebogen, wenn du zugehörige Aufgaben aus dem Förderangebot bearbeitet hast.
Ist das Symbol www abgedruckt, findest du weiteres Übungsmaterial im Online-Angebot des Cornelsen Verlages.
Gib dazu im Web-Browser **www.cornelsen.de/mathematik-diagnosehefte** ein.
Trage dann in die entsprechenden Felder die Buchkennung **MDF004362** und den auf der Seite neben dem Symbol angegebenen Mediencode (z. B. 008-1) ein.
Du solltest in jedem Fall auch komplexe Aufgaben lösen.

Nachdiagnose und Gesamtdiagnose

Am Ende jedes Unterkapitels steht die Nachdiagnose. Mit ihrer Hilfe kannst du die Fortschritte überprüfen, die du durch die Förderaufgaben erzielt hast. Die gleiche Funktion hat auch die Gesamtdiagnose, mit der das Thema abgeschlossen wird. Eine Kontrolle mithilfe des Lösungsheftes zeigt dir, wo du noch Fehler gemacht hast und welche Aspekte du besser noch üben solltest.

Für den Erhalt der Freude an Mathematik findest du in dem Heft auch ein Angebot von „etwas anderen Aufgaben".

Mathematik 7/8

Arbeitsheft
für Schülerinnen und Schüler

Diagnostizieren und Fördern

Lösungen

Rationale Zahlen
Terme und Gleichungen

Cornelsen

Inhaltsverzeichnis

Rationale Zahlen

Vorwissen
Ausgangsdiagnose 3
Förderangebot 3
Nachdiagnose 4

Rationale Zahlen darstellen, vergleichen und ordnen
Ausgangsdiagnose 5
Förderangebot 6
Nachdiagnose 7

Rationale Zahlen addieren und subtrahieren
Ausgangsdiagnose 8
Förderangebot 9
Nachdiagnose 10

Rationale Zahlen multiplizieren und dividieren
Ausgangsdiagnose 11
Förderangebot 11
Nachdiagnose 13

Etwas andere Aufgaben 14

Gesamtdiagnose 15

Terme und Gleichungen

Vorwissen
Ausgangsdiagnose 16
Förderangebot 17
Nachdiagnose 17

Terme aufstellen und berechnen
Ausgangsdiagnose 18
Förderangebot 18
Nachdiagnose 19

Terme umformen
Ausgangsdiagnose 19
Förderangebot 20
Nachdiagnose 22

Gleichungen
Ausgangsdiagnose 23
Förderangebot 23
Nachdiagnose 24

Etwas andere Aufgaben 25

Gesamtdiagnose 25

Rationale Zahlen

Vorwissen

Ausgangsdiagnose

	Nr.	w	f	Bemerkungen oder Lösungswege können teilweise nur beispielhaft sein, weil es verschiedene Möglichkeiten geben kann.
8	1	×		B ist bei $\frac{1}{4}$ Einheit markiert, also 0,25.
		×		5 von 8 Teilen der Einheit, also $\frac{5}{8}$
			×	D liegt bei $\frac{3}{4}$ Einheit, also 0,75.
		×		E liegt bei $1\frac{1}{8}$ Einheit, also 1,125.
			×	$1\frac{1}{4} > 1\frac{1}{8}$ Also liegt $1\frac{1}{4}$ rechts von $1\frac{1}{8}$.
			×	B ist bei $\frac{1}{4}$ Einheit markiert, also 0,25. Also kann $0{,}3 > 0{,}25$ nicht links von B liegen.
	2	×		Die Koordinatenangabe ist so korrekt.
			×	Die Angabe der y-Koordinate ist falsch. $y = 2$, also $P(2{,}5\,\vert\,2)$.
			×	Die Punkte haben gleiche x-Koordinaten.
		×		Da die Punkte gleiche y-Koordinaten haben, ist der Abstand die Differenz ihrer x-Koordinaten (2,5).
			×	Dieser Punkt mit $(1{,}5\,\vert\,0)$ liegt links von $S(2{,}5\,\vert\,0)$, denn $1{,}5 < 2{,}5$.
	3	×		$\frac{2}{3} = 0{,}\overline{6}$, also $\frac{2}{3} < 0{,}9$
			×	$\frac{234}{100} = 2{,}34$; $2{,}34 \neq 0{,}234$
			×	$\frac{70}{100} = 0{,}70 = 0{,}7$
			×	richtige Lösung: $0{,}1; \frac{1}{5}; \frac{1}{3}; 0{,}5; \frac{3}{4}; 0{,}8; 1\frac{1}{8}; 1{,}2$
9	4		×	$624 + 278 = 902$
		×		$532 + 389 = 921$
			×	$616 - 17 = 599$
		×		$678 - 499 = 179$
			×	$648 \cdot 3 = 1944$
			×	$2763 : 9 = 307$
		×		$1356 : 12 = 113$
			×	$36 - 2 = 34$; Punktrechnung vor Strichrechnung
		×		$27 + 9 = 36$
	5		×	Zähler und Nenner dürfen jeweils nicht addiert werden. $\frac{3}{4} + \frac{1}{2} = 1\frac{1}{4}$
		×		Es wurde stellengerecht richtig addiert.
		×		$\frac{5}{6} - \frac{2}{6} = \frac{3}{6} = \frac{1}{2}$
			×	$27{,}2 - 1{,}9 = 25{,}3$
		×		Zähler und Nenner werden jeweils miteinander multipliziert.
			×	$124 : 0{,}2 = 1240 : 2 = 620$
		×		$\frac{1}{2} : \frac{1}{4} = \frac{1}{2} \cdot 4 = 2$
	6		×	$8 + 47{,}75 = 55{,}75$; $55{,}75 : 25 = 2{,}23$; Es müssen 2,23 € anstatt 1,95 € gezahlt werden.
			×	$4\frac{1}{2} \cdot 3\frac{3}{4} = \frac{9}{2} \cdot \frac{15}{4} = \frac{135}{8} = 16\frac{7}{8}$; Die Grundfläche beträgt $16\frac{7}{8}\,\text{m}^2$ anstatt $12\frac{3}{8}\,\text{m}^2$.

Förderangebot

10 **1**

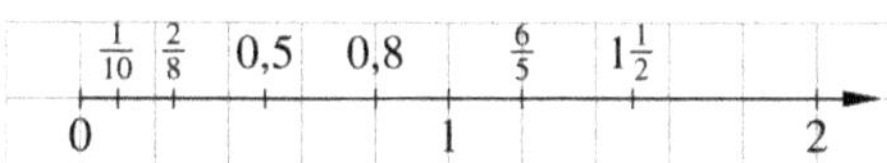

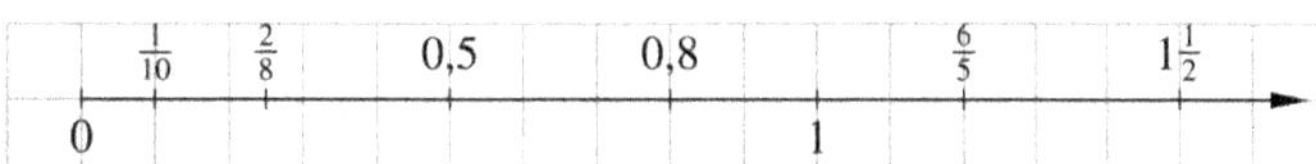

2 A: **0,1** B: **0,5** C: $\frac{3}{4}$ D: **0,9** E: $\mathbf{1\frac{1}{4}}$ F: **1,6**

3 **a)** f **b)** f **c)** w

10 **4 a)** $A(0|2{,}5)$; $B(2|2{,}5)$; $C(3|1{,}5)$; $D(4|1)$

b) 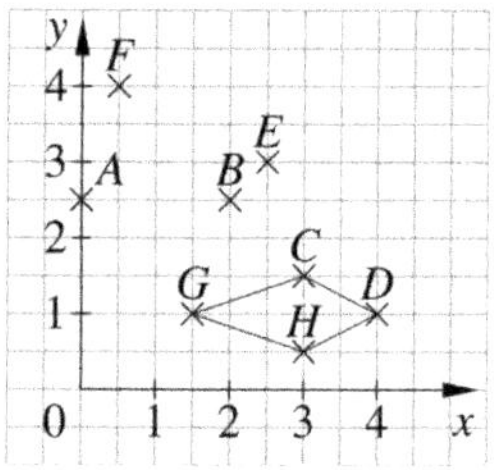

Die Punkte C, D, G und H sind Eckpunkte eines Drachenvierecks.

5 a) $3{,}7 > 0{,}99$ **b)** $0{,}25 < \frac{5}{8}$ **c)** $2{,}7 > 2\frac{2}{3}$ **d)** $\frac{5}{4} > \frac{4}{5}$ **e)** $\frac{1}{3} = 0{,}\overline{3}$

6 a) $13{,}\mathbf{0}4 < 13{,}14$ **b)** $0{,}125 = \frac{1}{\mathbf{8}}$ **c)** $\frac{6}{5} > 1{,}\mathbf{0}\ (1{,}\mathbf{1})$ **d)** $\frac{\mathbf{2}}{6} = 0{,}\overline{3}$ **e)** $\frac{1}{6} > \frac{\mathbf{0}}{6}$ **f)** $\frac{2}{\mathbf{5}} = \frac{6}{15}$

7 a) 0,001; 0,01; 0,1; 1,0 **b)** $\frac{2}{3}$; $\frac{3}{4}$; $\frac{4}{5}$; $\frac{5}{6}$ **c)** $\frac{1}{5}$; 0,25; $\frac{2}{3}$; 0,9 **d)** $\frac{1}{2}$; $\frac{2}{3}$; $\frac{3}{4}$; $\frac{4}{5}$

8 a) f **b)** w

9 a) 1; 2 **b)** 1; 2; 3 **c)** keine **d)** 2; 3; 4; 5; 6

11 **10 a)** $191 + \mathbf{31} = 222$ **b)** $\mathbf{229} + 78 = 307$ **c)** $256 - \mathbf{192} = 64$ **d)** $\mathbf{251} + 178 = 429$ **e)** $243 \cdot \mathbf{5} = 1215$
f) $\mathbf{15} \cdot 9 = 135$ **g)** $990 : \mathbf{9} = 110$ **h)** $\mathbf{210} : 42 = 5$ **i)** $56 - 6 \cdot \mathbf{7} = 14$ **j)** $21 : 7 + 12 \cdot \mathbf{0} = 3$
k) $44 : \mathbf{4} + 4 = 15$ **l)** $\mathbf{56} - 7 \cdot 8 = 0$

11 a) falsch; $18 + 17 > 25$ **b)** falsch; $54 - 27 = 3 \cdot 9$ **c)** richtig **d)** falsch; $32 : 16 + 2 < 120 : (10 \cdot 2)$

12 a) 61 **b)** 202 **c)** 108 **d)** 669

13 a) $2\frac{1}{4}$ **b)** $\frac{5}{8}$ **c)** $\frac{7}{12}$ **d)** 9,63 **e)** $\frac{1}{2}$ **f)** 2,75 **g)** 2 **h)** $1\frac{1}{2}$

14 a) $1\frac{3}{4} + \frac{1}{4} = \frac{3}{4} + \mathbf{1} + 0{,}25$ **b)** $\frac{5}{6} : \frac{3}{4} = \frac{\mathbf{10}}{\mathbf{9}}\ (\mathbf{1}\frac{\mathbf{1}}{\mathbf{9}})$ **c)** $2 - \frac{1}{2} = \frac{3}{4} + \frac{\mathbf{3}}{\mathbf{4}}$ **d)** $\frac{2}{3} \cdot \frac{1}{6} = \frac{1}{3} \cdot \frac{\mathbf{1}}{\mathbf{3}}$

15 ☒ $\frac{1}{4} \cdot a$; ☐ $a - \frac{1}{4}$; ☒ $0{,}25a$; ☐ $a : \frac{1}{4}$; ☒ $\frac{a}{4}$; ☒ $\frac{1}{4}a$; ☒ $a - \frac{3}{4}a$

16 $12{,}5 = 5 \cdot 2{,}5$; $7{,}5 = 3 \cdot 2{,}5$; $\mathbf{3} \cdot 5 \cdot 2{,}5 = \mathbf{5} \cdot 3 \cdot 2{,}5$, also nach 3 IC- bzw. 5 Regionalzugrunden
Nach 37,5 s fahren die Züge des erste Mal wieder gleichzeitig durch den Bahnhof.

17 Tanja 3,5 h; Klaus 1,5 h; Ines 3 h; insgesamt 8 h, also pro Stunde sind 5 € zu vergeben
Tanja bekommt 17,50 €, Klaus 7,50 € und Ines 15 €.

Nachdiagnose

12 **1 a)** A: **0,2**; B: **0,55**; C: **0,8**; D: **1,1**; E: **1,35**; F: **1,65** je Punkt ❶

b) je Punkt ❶

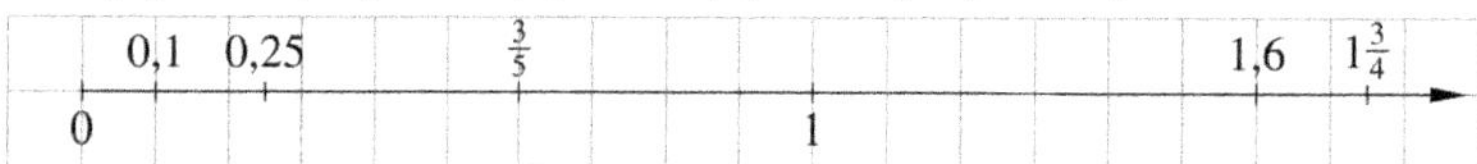

c) ① 1 ❶; ② 1,8 ❶; ③ $\frac{1}{4}$ ❶; ④ 0,55 ❶

2 a) $A(2|1)$; $B(3|0)$; $C(0|3{,}5)$; $D(4|2)$; $E(1{,}5|2{,}5)$ je Punkt ❶

b) 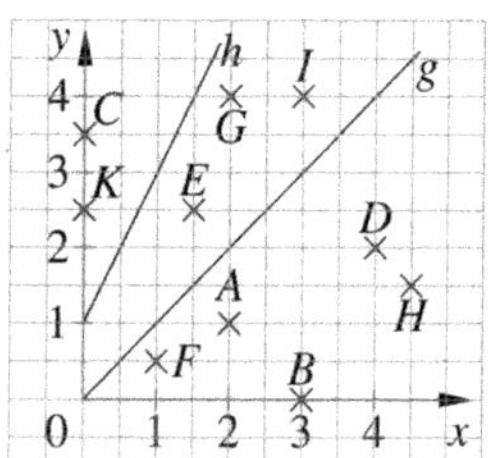

je Punkt ❶

c) ☐ $P_1(1|0)$ ❶; ☒ $P_2(0|1)$ ❶; ☐ $P_3(1|2)$ ❶; ☒ $P_4(1|3)$ ❶; ☒ $P_5(0{,}5|2)$ ❶

d) z.B.: $X(0|0)$ ❶; $Y(1|1)$ ❶; $Z(2{,}5|2{,}5)$ ❶; x- und y-Koordinaten sind stets gleich. ❶

12 **3** **a)** f ❶ **b)** f ❶ **c)** w ❶ **d)** w ❶ **e)** w ❶ **f)** w ❶

4 **a)** $\frac{5}{6} > 0{,}7$ ❶ **b)** $\frac{2}{3} = \frac{14}{21}$ ❶ **c)** $\frac{0}{8} < \frac{3}{7}$ ❶ **d)** $0{,}033 < \frac{1}{3}$ ❶ **e)** $0{,}1 = \frac{1}{10}$ ❶ **f)** $0{,}07 < 0{,}11$ ❶

5 **a)** $2\frac{1}{2}$; 1,7; 0,4; $\frac{1}{3}$ ❶ **b)** 0,66; $\frac{3}{6}$; $\frac{3}{8}$; $0{,}\overline{3}$ ❶

13 **6** **a)** 177 ❶ **b)** 1701 ❶ **c)** richtig ❶ **d)** richtig ❶ **e)** 422 ❶ **f)** richtig ❶ **g)** richtig ❶
h) 11 ❶ **i)** richtig ❶ **j)** 427 ❶ **k)** richtig ❶ **l)** 204 ❶ **m)** 63 ❶

7 **a)** $\frac{3}{4}$ ❶ **b)** $\frac{11}{12}$ ❶ **c)** $\frac{3}{8}$ ❶ **d)** 0,14 ❶ **e)** $\frac{8}{15}$ ❶ **f)** 6 ❶ **g)** 3,2 ❶ **h)** 1 ❶

8 **a)** Miete pro m^2: Familie Gros 4,60 €; Familie Fröhlich 4,55 €; Familie Klemm 4,45 €
Familie Klemm hat den niedrigsten Preis pro m^2. ❹
b) $4 \cdot x - 18 = 100$; $x = 29{,}50$ Markus hat 29,50 € gespart ❷

Rationale Zahlen darstellen, vergleichen und ordnen

Ausgangsdiagnose

	w	f	Bemerkungen oder Lösungswege können teilweise nur beispielhaft sein, weil es verschiedene Möglichkeiten geben kann.
14 **1**		×	Zu G gehört die Zahl −5,2.
	×		jeweils 1,5 Einheiten
	×		$-\frac{375}{100} = -3{,}75$ und an der Stelle ist die Markierung von F.
		×	Sie haben den Abstand 7,5.
	×		Abstand 7; die Hälfte beträgt 3,5; und −1,5 liegt von −5 und 2 jeweils 3,5 Einheiten entfernt
		×	Der Punkt B liegt bei −2,5, also kann er nicht rechts davon liegen.
		×	$-\frac{19}{10} = -1{,}9$; H ist die linke Intervallgrenze und liegt bei −1,5. −1,9 liegt nicht rechts von −1,5.
2	×		$x = -1$ und $y = -1{,}5$
		×	Q hat 2,5 Einheiten Abstand zur x-Achse und R ebenfalls.
		×	S liegt im III. Quadranten.
	×		$x = -4$ und $y = 0{,}25$
		×	Sie haben gleiche y-Koordinaten.
		×	Es gibt keinen Punkt mit einer y-Koordinate kleiner als −3.
		×	Q hat 3 Einheiten Abstand zur y-Achse, S hat 2,5 Einheiten Abstand zur y-Achse.
15 **3**		×	Die Gegenzahl von $\frac{2}{3}$ ist $-\frac{2}{3}$.
	×		Bis auf das Vorzeichen sind die Zahlen gleich.
	×		Diese Darstellung ist für Gegenzahlen festgelegt.
	×		a und $-a$ sind Gegenzahlen, die auf der Zahlengeraden gleiche Abstände von null haben.
	×		Positive Zahlen haben negative Gegenzahlen, und negative Zahlen haben positive Gegenzahlen.
		×	Der Betrag ist immer eine positive Zahl.
		×	$\lvert -3 \rvert = 3$
4		×	Nach Beginn mit der kleinsten Zahl ist −0,25 nicht kleiner als $-\frac{1}{2}$.
	×		−3 liegt auf der Zahlengeraden links von −2,7.
		×	Eine negative Zahl ist immer kleiner als eine positive Zahl.
		×	Es gibt unendlich viele weitere Zahlen, zum Beispiel − 1,15.
	×		−0,89 liegt auf der Zahlengeraden rechts von −0,9 und links von −0,8.
5	×		Negative Bruchzahlen sind rationale Zahlen.
	×		2 ist als natürliche Zahl immer auch eine ganze Zahl.
		×	Es gibt keine negativen natürlichen Zahlen.
		×	Es gibt keine negativen Bruchzahlen.

Förderangebot

16 **1**

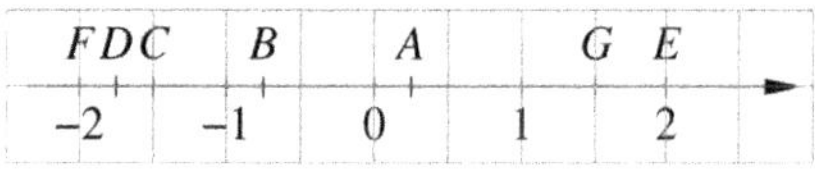

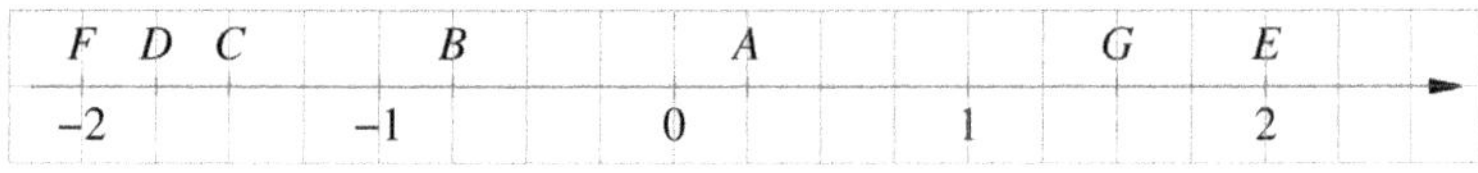

2 A: $\mathbf{-3\frac{1}{4}}$ B: **−2,5** C: $\mathbf{-1\frac{3}{4}}$ D: **−1,5** E: $\mathbf{-\frac{1}{4}}$ F: $\mathbf{\frac{5}{8}}$ G: $\mathbf{1\frac{3}{8}}$
Falsch markiert wurden die Zahlen −4; $-2\frac{1}{4}$; $\frac{1}{4}$ und −1,5.

3 **a)** falsch; Es gibt unendlich viele weitere Zahlen, zum Beispiel −1,7.
b) falsch; Die linke Grenze des Intervalls ist mit $E-\frac{1}{4}$ und $-\frac{1}{2}$ liegt nicht rechts von E.
c) falsch; Zwischen −4 und $-2\frac{1}{4}$ liegen nur negative Zahlen, und es gibt keine negativen natürlichen Zahlen.

4 **a)** $A(-2|0{,}5)$; $B(1{,}5|1{,}5)$; $C(3{,}5|-1{,}25)$; $D(0|-2)$; $E(-0{,}25|-4)$
c) Es sind die Punkte A und L.
d) Es sind die Punkte F und K.
Sie haben gleiche x-Koordinaten und die y-Koordinaten haben die gleichen Beträge.

b)

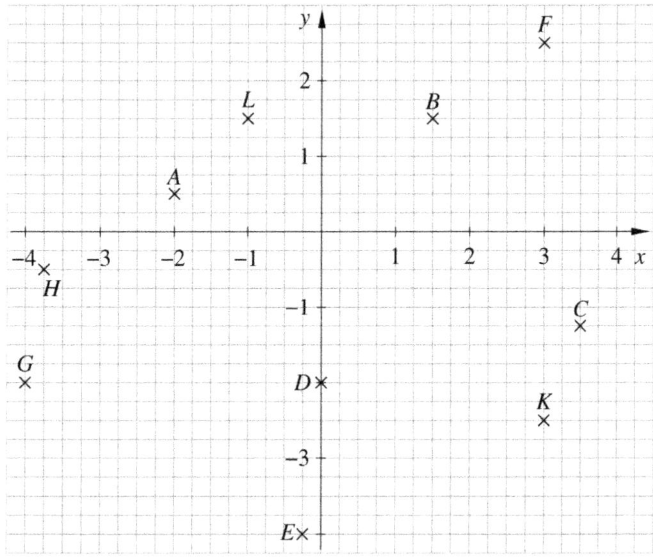

17 **5** **a)** w; Sowohl die x-Koordinate als auch die y-Koordinate sind positiv.
b) f; Die x-Koordinate ist im IV. Quadranten stets positiv.

6 **a)** z.B. −6; −7; −8 **b)** z.B. 3; 4; 5 **c)** keine **d)** drei aus −4; −3; −2; −1; 0; 1
e) keine **f)** drei aus −8; −7; −6; −5; −4; −3; −2

7 falsch sind: **a)** 6 **b)** −1,11; 2,2 **c)** −1,09 **d)** −2

8

a	3	$-\frac{3}{8}$	**−0,25**	**−0,3**
$-a$	**−3**	$\mathbf{\frac{3}{8}}$	0,25	**0,3**
$-(-a)$	**3**	$\mathbf{-\frac{3}{8}}$	**−0,25**	−0,3
$\lvert a\rvert$	**3**	$\mathbf{\frac{3}{8}}$	**0,25**	**0,3**

9 **a)** −5; −1,5 **b)** $-\frac{1}{4}$; 0; 0,5; 3 **c)** 0 **d)** −1,5; $-\frac{1}{4}$; 0; 0,5 **e)** 3 **f)** wie d)

10 **a)** $-999 < -99$ **b)** $-7{,}8 < 7{,}8$ **c)** $-0{,}07 > -0{,}7$ **d)** $-5{,}5 < -\frac{5}{2}$ **e)** $-3\frac{1}{4} = -3{,}25$
f) $-10{,}3 > -10{,}\overline{3}$ **g)** $7{,}8 = -(-7{,}8)$ **h)** $-3\frac{2}{3} > -3{,}7$ **i)** $\left|-\frac{1}{2}\right| > -\frac{1}{2}$ **j)** $|-2{,}1| > 2$

11

Die Zahl a ist eine positive Zahl.	$a > 0$
Die Zahl a ist eine negative Zahl.	$\mathbf{a < 0}$

Die Zahl *a* ist eine nichtpositive Zahl.	$a \leq 0$
Die Zahl a ist eine nichtnegative Zahl.	$\mathbf{a \geq 0}$

18 **12** $|-4|$; 3,2; 0; $-\frac{9}{11}$; $-1\frac{1}{3}$; −9,11; −11; −12,73

13 **a)** DD; P; B; SN; M; KI; H / SB; MD; S; HH; EF; HB; WI; MZ; D
b) 6,7 Grad

18 **14 a)** −1 **b)** −1; 0; 1 **c)** −1; 0 **d)** 0

15

größte Zahl	Zahl mit dem größten Betrag	kleinste Zahl	Zahl mit dem kleinsten Betrag
6,7	$-9\frac{1}{4}$	$-9\frac{1}{4}$	0

16 a) falsch; Gegenbeispiel: $a = -4$; $-a = 4$, also $-a > a$
b) falsch; Gegenbeispiel: $a = -2$ und $b = -3$; $a > b$; $-a = 2$ und $-b = 3$, also $-a < -b$

17

	5,2	$-3\frac{1}{3}$	−9	$0{,}4\overline{8}$	7	$\frac{1}{2}$
natürliche Zahl (ℕ)					×	
ganze Zahl (ℤ)			×		×	
Bruchzahl ($\mathbb{Q}_+$)	×			×	×	×
rationale Zahl (ℚ)	×	×	×	×	×	×

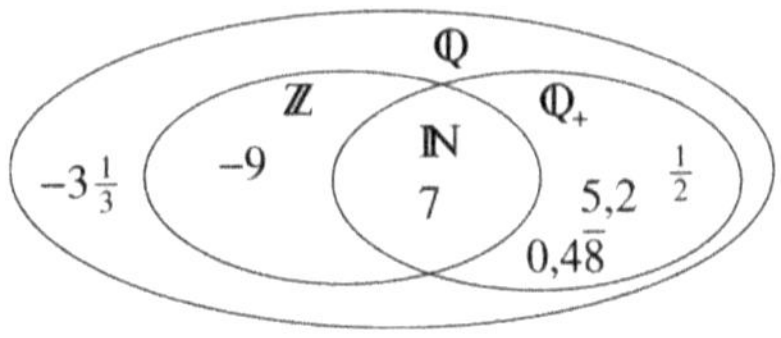

19 **18 a)**

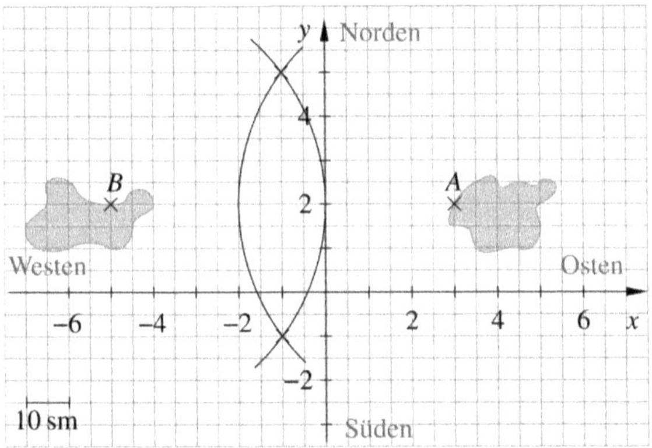

$B(-5|2)$

b) Aus dem Umkreis von 50 sm ergeben sich zwei Schnittpunkte: $(-1|5)$ und $(-1|-1)$.
Nur $(1|5)$ ist möglich, weil sich im anderen Fall durch das Umfahren der Insel eine größere Entfernung zum Schatz ergeben würde.

19 a)

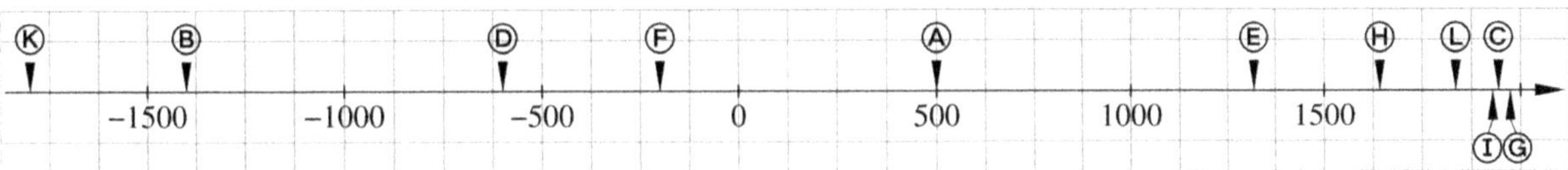

b) z.B. die Ereignisse Ⓚ und Ⓛ liegen annähernd symmetrisch zur Null.
c) ca. 33 Jahrhunderte
d) z.B. Ⓑ und Ⓗ; zwischen Bau der ersten Segelschiffe und Rechenmaschine von Pascal
e) Ⓒ und Ⓘ (12 Jahre);
In der Zeit war eine starke Entwicklung von Wissenschaft und Technik zu verzeichnen.

Nachdiagnose

20 **1 a)** *A* −4,5; *B* −3,8; *C* −3,15; *D* −1,75; *E* −1,4; *F* −0,25; *G* 1,75 je ❶
b) je ❶

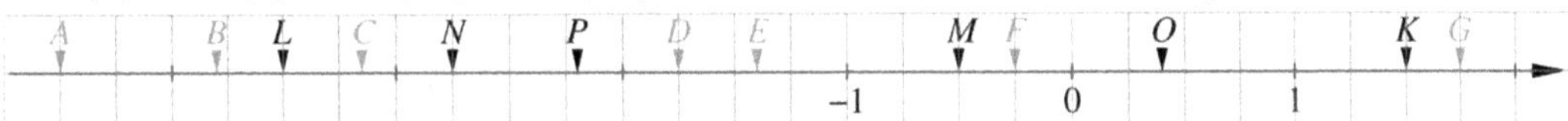

c) ① f; ② w; ③ f je ❶

2 a) $-\frac{15}{4}$; −5,5; $-\frac{1}{4}$; $\frac{6}{5}$ je ❶
b) ① 0; ② −3,5; ③ −0,5;
④ −2,5; ⑤ −1 je ❶
c) Eingekreist werden −2 und $-\frac{4}{2}$. je ❶

3 a) $A(2|1{,}5)$; $B(3|-0{,}25)$;
$C(2|-1{,}5)$; $D(0|-1{,}75)$;
$E(-2{,}5|-1{,}5)$; $F(-2|2{,}5)$ je ❶
c) *P*, *R* und *T* liegen auf *g*. je ❶

b) je ❶

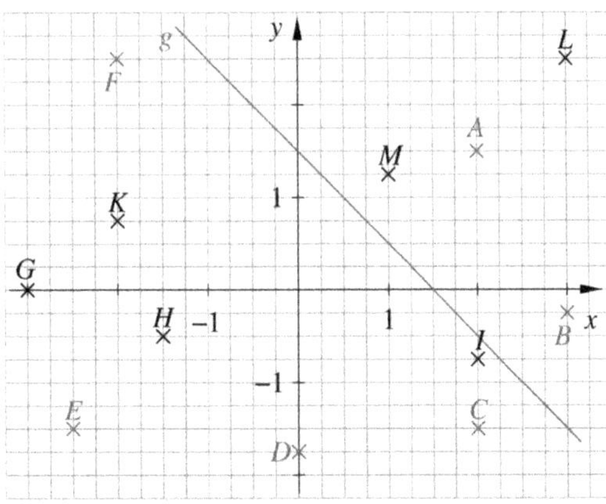

21 **4** **a)** $-2{,}3$ ❶ **b)** 0 ❶ **c)** $0{,}5$ ❶ **d)** $-4{,}7$ ❶

5 **a)** $-\frac{1}{3} > -\frac{2}{3}$ ❶ **b)** $-0{,}09 > -0{,}22$ ❶ **c)** $-0{,}25 = -\frac{1}{4}$ ❶ **d)** $-\frac{5}{7} < \frac{5}{8}$ ❶ **e)** $-5\frac{1}{2} < 5\frac{1}{2}$ ❶
f) $-8{,}21 > -8{,}\overline{2}$ ❶ **g)** $-(-1{,}6) > -2{,}8$ ❶ **h)** $-2\frac{1}{6} < -2{,}16$ ❶ **i)** $-0{,}\overline{3} = -\frac{1}{3}$ ❶ **j)** $|-0{,}4| > \frac{1}{4}$ ❶

6 $-1\frac{1}{3}$; $-0{,}99$; $-\frac{1}{2}$; 0; $0{,}\overline{3}$; $9{,}9$ ❶

7 **a)** f ❶ **b)** f ❶ **c)** w ❶ **d)** f ❶ **e)** w ❶

8 **a)** ① 240; ② −129; ③ 0,1; ④ 6 je ❶ **b)** 6 : 240; 6 − 240 je ❶

Rationale Zahlen addieren und subtrahieren

Ausgangsdiagnose

Bemerkungen oder Lösungswege können teilweise nur beispielhaft sein, weil es verschiedene Möglichkeiten geben kann.

22

Nr.	w	f	Bemerkung / Lösungsweg
1		×	$-8 + 4 = -4$
	×		Vorzeichen ist negativ; Beträge werden addiert
		×	$-7{,}39 + (-5{,}41) = -12{,}8$
	×		Vorzeichen ist negativ; Beträge werden addiert
		×	$-\frac{9}{15} + \frac{25}{15} = \frac{16}{15}$
	×		$-5{,}1 + (-3{,}2) = -8{,}3$; $-8{,}3 < -8$
	×		$-3 + (-7) = -10$
	×		z.B. $3 + (-2) = 1$; $1 < 3$ oder $-3 + (-2) = -5$; $-5 < -3$

Nr.	w	f	Bemerkung / Lösungsweg
2	×		Ergebnis ist negativ; $21 - 17 = 4$, also Ergebnis -4
		×	$9 - (-3) = 9 + 3 = 12$
		×	$-4 - (-16) = -4 + 16 = 12$
	×		Eine negative Zahl wird subtrahiert, indem ihre Gegenzahl addiert wird.
	×		Die Regel ist so richtig.
		×	$\frac{7}{10} + \frac{4}{10} = \frac{11}{10}$
		×	$-\frac{9}{15} - \frac{25}{15} = -\frac{34}{15}$
	×		$0 + 3{,}7 = 3{,}7$
	×		$0{,}8 - 0{,}5 = 0{,}3$
		×	$-7{,}39 + 5{,}41 = -1{,}98$
		×	$-4{,}1 + 2{,}2 = -1{,}9$; $-1{,}9 > -2$
		×	$3 + 4 + 1{,}4 - 1 = 7{,}4$; $7{,}4 > 0$
		×	$4 - 0{,}5 = 3{,}5$ und nicht $4{,}5$; $x = 0{,}5$ ist nicht die Lösung.
	×		z.B. $3 - (-2) = 5$; $5 > 3$ oder $-3 - (-2) = -1$; $-1 > -3$

23

Nr.	w	f	Bemerkung / Lösungsweg
3		×	Die Temperatur ist auf −7 °C gestiegen. $-12 + 5 = -7$
		×	Sie hat nun 16 € Schulden. $-12 + (-4) = -16$
	×		$18 - (-12) = 30$
	×		$2 - (-16) = 2 + 16$

Nr.	w	f	Bemerkung / Lösungsweg
4	×		$-2{,}5 + 7{,}8 + (-7{,}5) = -2{,}5 + (-7{,}5) + 7{,}8 = -2{,}5 - 7{,}5 + 7{,}8$
		×	$y - y = 0$ und $-3 + 0{,}5 + 2{,}5 = 0$; $0 \neq 1$
		×	$\frac{2}{3} - \frac{2}{3} = 0$; $-\frac{3}{2} - \frac{1}{2} = -2$; $-2 \neq -1$
	×		$8{,}4 - 8{,}4 = 0$ und $-17{,}1 + 12{,}2$ ist noch zu berechnen.
	×		$-0{,}25 + 0{,}25 = 0$ und $0{,}2 - 0{,}75 = -0{,}55$
		×	$-(-7) - 5 = 7 - 5 = 2$
		×	Zwischenergebnisse sind falsch. $-5 + 3 = -2$ und $-4 - 2 = -6$; $-2 - (-6) = 4$

Nr.	w	f	Bemerkung / Lösungsweg
5	×		Klammern wurden korrekt aufgelöst.
	×		Klammern wurden korrekt aufgelöst.
	×		Klammern wurden korrekt aufgelöst.

Förderangebot

24 **1 a)** −1 **b)** 1,127 **c)** 1,13 **d)** −12,03

2 a) $-\frac{1}{3}+\left(-\frac{1}{3}\right)=-\frac{2}{3}$ **b)** $-\frac{1}{5}+\left(-6\frac{4}{5}\right)=-7$ **c)** $-\frac{1}{4}+\left(-\frac{1}{4}\right)=-\frac{1}{2}$ **d)** $\frac{3}{2}+\left(-\frac{1}{2}\right)=1$
e) $-\frac{3}{4}+\frac{4}{3}=\frac{7}{12}$ **f)** $-\frac{1}{2}+\frac{1}{4}+\left(-\frac{3}{4}\right)=-1$ **g)** $\frac{1}{4}+(-1)=-\frac{3}{4}$ **h)** $-\frac{3}{2}+\frac{1}{2}=-1$

3 a)

−90			
−38	−52		
−2	−36	−16	
10	−12	−24	8

b)

−12		
−6	−6	
−3	−3	−3

c) Das Ergebnis ist um 4 vermindert.

4

+	−3	5	−13	−0,5	0,5	8	−8
12	9	17	−1	11,5	12,5	20	4
−4	−7	1	−17	−4,5	−3,5	4	−12
−2	−5	3	−15	−2,5	−1,5	6	−10
15	12	20	2	14,5	15,5	23	7

5 individuell verschiedene Möglichkeiten; z.B.:
a) − 3 + (−9); −15 + 3 **b)** −10 + 6; −1 + (−3) **c)** 2 + (−4,5); −2 + (−0,5)
d) −2 + 2; 8 + (−8)

6 a) richtig **b)** falsch; richtiges Ergebnis −5,6

7 a) −5 **b)** 5,33 **c)** −2,4 **d)** −1,1

25 **8 a)** $-\frac{1}{4}-\frac{1}{4}=-\frac{1}{2}$ **b)** $-\frac{1}{3}-\left(-\frac{5}{3}\right)=\frac{4}{3}$ **c)** $-\frac{3}{4}-\left(-\frac{1}{4}\right)=-\frac{1}{2}$ **d)** $-\frac{3}{2}-\left(-\frac{1}{2}\right)=-1$
e) $-\frac{3}{4}-\frac{5}{3}=-\frac{29}{12}$ **f)** $-\frac{1}{2}-\frac{1}{4}-\left(-\frac{3}{4}\right)=0$ **g)** $\frac{1}{5}-\left(\frac{19}{20}\right)=-\frac{3}{4}$ **h)** $-\frac{3}{2}-\frac{1}{2}=-2$

9 a)

−2			
8	10		
9	1	−9	
4	−5	−6	3

b)

7			
4	−3		
0	−4	−1	
−3	−3	1	2

10

a	b	$a-b$	$a-(-b)$	$a+(-b)$
3	−8	11	−5	11
−1	5	−6	4	−6
−5	−5	0	−10	0
−7	5	−12	−2	−12

11 individuell verschiedene Möglichkeiten; z.B.:
a) − 10 − (−2); −5 − 3 **b)** 5 − 2; 6 − 3 **c)** −3,5 − (−2); −2 − (−0,5)
d) −2 − (−2); 8 − 8

12 ③ und ⑤

13 a) −9,5 **b)** 9,5 **c)** 0,5

14 a) $x-2{,}3=-7$; $x=-4{,}7$ **b)** $-2{,}9-x=-2{,}2$; $x=-0{,}7$

15 a) −12 + 5 − 7 = −14, also −14 °C **b)** 2 − 9 + 4 = −3, also −3 °C

26 **16**

steigt auf	6 °C	0 °C	−1 °C	1 °C	−3 °C
sinkt auf	−2 °C	−8 °C	−9 °C	−7 °C	−11 °C

17 a) −5,1 − 3,2 < −8 **b)** −3 + (−2,5) = −(3 + 2,5) **c)** −3,9 < 3,9 − 7,8 + 1

18 a) r **b)** f

26 **19 a)** 5 **b)** 7 **c)** −80 **d)** −5,3 **e)** 30 **f)** 0 **g)** −112
h) 1 **i)** $\frac{3}{4}$

20 a) $-3 - 4 = -7$ **b)** $-3 - (-2{,}7) = -3 + 2{,}7$ **c)** $-(-20 + (-7)) + 3 = 30$ **d)** $-1{,}5 - (-4{,}5) = 2{,}5 + \frac{1}{2}$

21 a) $4 - ((-1) - 7) = 12$ **b)** $-(1 + 2) - (-3) = 0$ **c)** $-(1 + 4) - 2 + 3 = -4$

22 a) VZ: +; 0,1801 **b)** VZ: +; 16,6 **c)** VZ: −; −48,9 **d)** VZ: +; 20,31

23 a) Ü: −8300; −8455 **b)** Ü: 300; 345 **c)** Ü: −280; −298,25

27 **24 a)** 13. Etage **b)** 16 Etagen **c)** 15. Stockwerk **d)** 210 m
e) 126 m (Fahrt mit dem Fahrstuhl von der Poststelle aus und zurück)
Die erforderlichen Etagen sind in folgender Reihenfolge anzufahren: −3; 3; 6; 9; 12; 13; 14; 15; −3

25

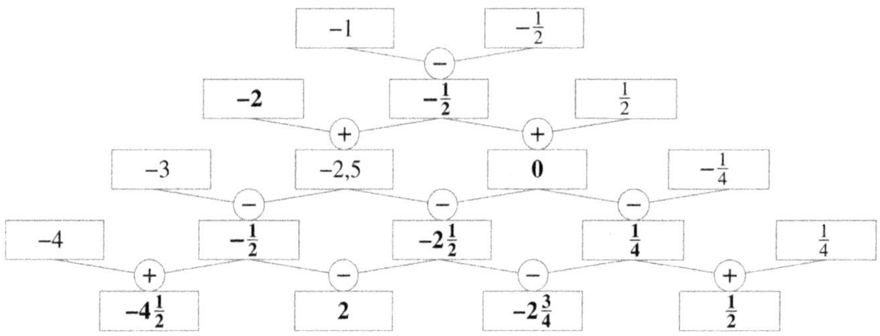

26 a) ① und ⑥; ②, ③ und ⑤ **b)** ① −1; ② −5; ③ −5; ④ 1; ⑤ −5; ⑥ −1
c) D2 =A2+B2+C2; E2 =A2-(B2-C2); F2 =A2-B2+C2; G2 =-A2-B2-C2; H2 =A2-B2+C2; I2 =A2-(-B2-C2)
Die Formeln können in die unteren Zellen kopiert werden.

Nachdiagnose

28 **1 a)** $-5 + (-3) = \mathbf{-8}$ ❶ **b)** $\mathbf{-1{,}2} + (-4{,}4) = -5{,}6$ ❶ **c)** $26 + 6{,}5 + (\mathbf{-20}) = 12{,}5$ ❶
d) $-\frac{7}{4} + \left(-\frac{1}{4}\right) = -2$ ❶ **e)** $-\frac{1}{5} + \left(-\frac{1}{3}\right) = \mathbf{-\frac{8}{15}}$ ❶ **f)** $-0{,}5 - \frac{1}{4} + \left(-\frac{1}{2}\right) = \mathbf{-\frac{5}{4}}$ ❶

g) ❷

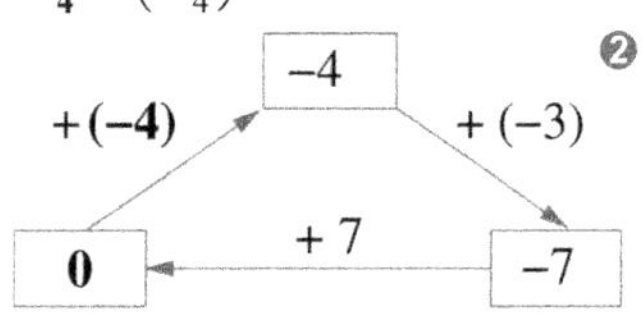

h) ❷

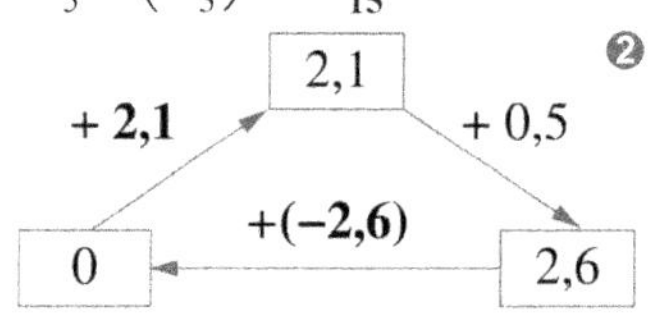

i) ❸

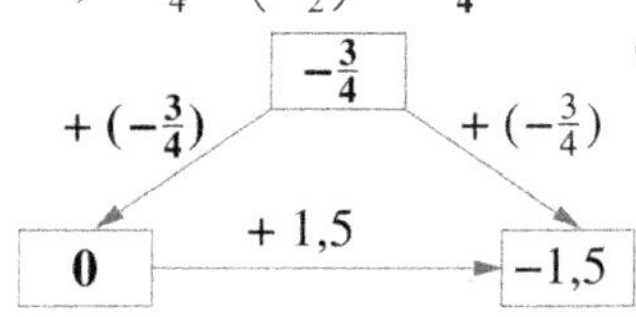

2 a) −4,2 ❶ **b)** 0,6 ❶ **c)** 26,5 ❶ **d)** $-\frac{3}{5}$ ❶ **e)** $-\frac{2}{3}$ ❶ **f)** $-1\frac{1}{4}$ ❶

3

a	b	$a-b$	$a-(-b)$	$b-a$	$b-(-a)$
0,5	−2	**2,5**	**−1,5**	**−2,5**	**−1,5**
−4	1	**−5**	**−3**	**5**	**−3**
−4	−5,5	1,5	**−9,5**	**−1,5**	**−9,5**
−1,2	**−1,2**	**0**	−2,4	**0**	**−2,4**

je ❶

4 a) ① $3 - (-6) > 0$; ② $-5 + 4{,}9 < 11{,}2 - 1{,}3$; ③ $\frac{2}{5} - \frac{3}{4} < -\frac{1}{4}$; ④ $-0{,}4 + (-0{,}3) = -0{,}7$ je ❶
b) 17,5 Grad ❶ **c)** ① falsch; Ergebnis −1,75; ② falsch; Ergebnis −6,4; ③ richtig je ❶

29 **5 a)** $\frac{1}{6}$ ❶ **b)** $\frac{2}{3}$ ❶ **c)** −4 ❶ **d)** −4,5 ❶ **e)** 4 ❶ **f)** 4 ❶

6 a) $2 - (-3) - (7 - 2) = 0$ ❶ **b)** $-(4{,}1 + 2{,}1) - (-3) = -3{,}2$ ❶ **c)** $-(1 + 4) - 2 + 3 - 4 = -8$ ❶
d) $-\left(\frac{1}{3} - \frac{2}{3}\right) = \frac{1}{3}$ ❶ **e)** $-\left(\frac{1}{2} + \frac{1}{4}\right) + \frac{3}{4} = 0$ ❶ **f)** $-\left(\frac{2}{3} + \frac{2}{3}\right) + \frac{1}{3} = -1$ ❶

7 a) Ü: 1000; 1013 ❷ **b)** Ü: 1400; 1439 ❷ **c)** Ü: 0; 11 ❷ **d)** Ü: −8; −7,56 ❷
e) Ü: 14; 13,98 ❷ **f)** Ü: −2; −2,06 ❷

29 **8** **a)** VZ: +; 110,8 ❷ **b)** VZ: −; −17,86 ❷ **c)** VZ: −; −99,34 ❷ **d)** VZ: −; −0,362 ❷
e) VZ: −; −4,73 ❷ **f)** VZ: −; −73,734 ❷

Rationale Zahlen multiplizieren und dividieren

Ausgangsdiagnose

Bemerkungen oder Lösungswege können teilweise nur beispielhaft sein, weil es verschiedene Möglichkeiten geben kann.

Nr.	w	f	
30 **1**	×		Vorzeichen minus; Produkt richtig berechnet
		×	Das Ergebnis ist positiv.
		×	Das Ergebnis ist 0.
		×	Das Ergebnis ist negativ, nämlich −0,6.
	×		Bei drei negativen Faktoren ist das Ergebnis negativ, also kleiner als null.
		×	Das gilt nur für positive *a*.
		×	−5,5 + (−3,5) = −9 und −9 · (−2) = 18; kurz: [−5,5 + (−3,5)] · (−2) = 18
2	×		Es tritt dreimal der Faktor −2 auf. Das entspricht der Potenz $(-2)^3$.
		×	$-3 \cdot (-3) = (-3)^2 = 9$
	×		$(-1)^2 = 1$ und $(-1)^3 = -1$, also $1 > -1$, somit $(-1)^2 > (-1)^3$.
		×	$(-2)^3 = -8$ und $3^2 = 9$, also $-8 + 9 = 1$, somit $(-2)^3 + 3^2 = 1$.
	×		$-2^2 = -4$ und $(-2)^2 = 4$, also $-4 < 4$, somit $-2^2 < (-2)^2$.
	×		Wenn *a* negativ ist, werden drei negative Zahlen multipliziert. Das Ergebnis ist negativ, also < 0.
3		×	Das Ergebnis ist positiv.
		×	720 : (−1,2) = −600
		×	$8 : \left(-\frac{1}{2}\right) = 8 \cdot (-2) = -16$
	×		$-0{,}5 : \frac{1}{4} = -0{,}5 \cdot 4 = -2$
	×		2,3 − 4,3 = −2 und −2 : (−1) = 2
	×		Bei Division einer positiven Zahl durch −1 wird das Ergebnis negativ, also kleiner als null.
31 **4**	×		−2 · (−50) = 100 und 5 · 12 = 60, also 100 · 60.
		×	$\frac{1}{2} \cdot 4 = 2$, aber $-\frac{1}{4} \cdot 2 = -\frac{1}{2}$ und nicht −1.
	×		0,4 · (−8 + 3 + 4) = 0,4 · (−1) = −0,4
		×	Das Ergebnis ist negativ.
	×		2 − 4 = −2
	×		$-16 \cdot \frac{1}{4} = -4$
		×	(−5 − 8) : (−2) = −13 : (−2) = 6,5
		×	−6,5 − 8,25 = −14,75
		×	Dividend und Divisor sind negativ. Der Wert des Quotienten ist positiv und nicht kleiner als null.
	×		Nach dem Distributivgesetz kann $-\frac{2}{3}$ ausgeklammert werden.
		×	(4 + 6) : (−0,1) = 10 · (−10) = −100
	×		(98 + 42) : (−14) = 140 : (−14)
5	×		vier negative Faktoren – positives Ergebnis; Minus kann unberücksichtigt bleiben
	×		Klammer- vor Punktrechnung
		×	Mit dieser Eingabe würden Dividend und Divisor vertauscht werden.
	×		Punktrechnung zuerst mit zwei negativen Zahlen, also Minus vernachlässigbar; Rest korrekt
	×		Es wird durch 0,75 und durch 156,8 geteilt. Der Term kann so eingegeben werden.

Förderangebot

32 **1** **a)** 8 · 10 = **80**; **8** · 5 = 40; 8 · **0** = 0; 8 · (−5) = **−40**; 8 · (**−10**) = −80; **8** · (**−15**) = **−120**
b) −5 · 12 = **−60**; −5 · 6 = **−30**; −5 · 0 = **0**; −5 · (−6) = **30**; −5 · (**−12**) = 60; **−5** · (**−18**) = **90**

2 **a)** −56 **b)** 27 **c)** −0,5 **d)** 7 **e)** $\frac{1}{2}$ **f)** −4 **g)** 0 **h)** $-\frac{1}{4}$

32 **3** **a)**
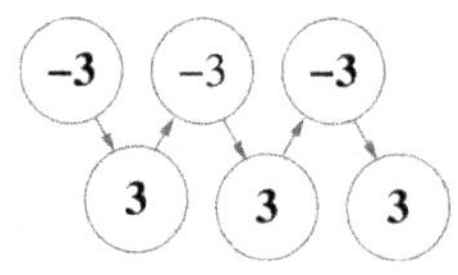

b)
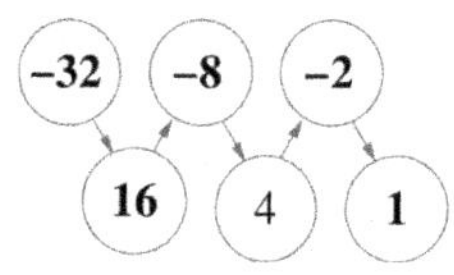

c) Pfeilrechnung: $\cdot\left(-\frac{1}{3}\right)$
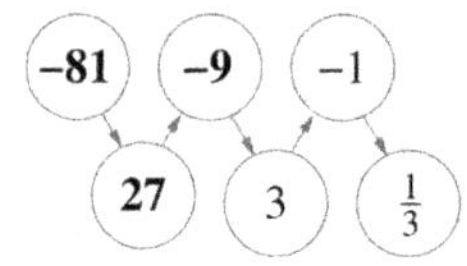

4 **a)** $-6{,}8 \cdot (-2) > 0$ **b)** $-0{,}1 \cdot (-0{,}1) > -1$ **c)** $0{,}2 \cdot 0{,}3 = -0{,}2 \cdot (-0{,}3)$ **d)** $-2 \cdot (-1) > -0{,}5 \cdot (-2)$

5 **a)** 0 **b)** -6 **c)** 120

6 **a)** $0{,}5 \cdot (-200) = -100$ **b)** $-800 \cdot 0{,}1 \cdot 10 = -800$ **c)** $-100 \cdot (-10) \cdot (-10) = -10\,000$
d) $70 \cdot (-0{,}4) \cdot 100 = -2800$

7 **a)** $2 \cdot 2$ oder $-2 \cdot (-2)$ **b)** $3 \cdot 3$ oder $-3 \cdot (-3)$ **c)** $4 \cdot 4$ oder $-4 \cdot (-4)$ **d)** $1 \cdot 1$ oder $-1 \cdot (-1)$

8 **a)** $(-5)^3$ **b)** -2^4 **c)** $(-4)^3$ **d)** $\left(-\frac{1}{2}\right)^2$

33 **9** **a)** 3 **b)** $-0{,}6$ **c)** 2 **d)** $-0{,}5$ **e)** 9 **f)** -3 **g)** $\frac{1}{2}$ **h)** -180
i) -1 **j)** -39 **k)** 0 **l)** $-\frac{4}{5}$

10 **a)** $x = -8$ **b)** $x = 12$ **c)** $x = -6$ **d)** $x = -1{,}1$

11

:	-3	-2	5	$-\frac{1}{4}$	$-\frac{1}{3}$	$-\frac{1}{2}$	-1
-6	2	**3**	**−1,2**	**24**	**18**	**12**	**6**
4	$-1\frac{1}{3}$	-2	**0,8**	**−16**	**−12**	**−8**	**−4**
$\frac{1}{2}$	$-\frac{1}{6}$	$-\frac{1}{4}$	**0,1**	**−2**	**−1,5**	-1	$-\frac{1}{2}$
−3	**1**	**1,5**	**−0,6**	12	**9**	**6**	3

12 **a)** $8 : (-4) = -2 : 1 = -2$ **b)** $1 : 10 = 0{,}1$ **c)** $-2 : 8 = 1 : (-4) = -\frac{1}{4}$ **d)** $14 : (-2) = -7$
e) $10 : (-4) = -2{,}5$ **f)** $-2 : 10 = -0{,}2$ **g)** z.B. $0 : 8 = 0$ **h)** $-4 : 8 = 1 : (-2) = -\frac{1}{2}$

13

x	-5	$\frac{1}{2}$	$-\frac{5}{6}$	$-\frac{1}{2}$	0,2	$-\frac{2}{3}$	$-\frac{3}{5}$	**3,5**	$1\frac{2}{3}$	3,2
$-\frac{1}{x}$	**0,2**	**−2**	**1,2**	2	**−5**	$1\frac{1}{2}$	$1\frac{2}{3}$	$-\frac{2}{7}$	$-0{,}6$	$-\frac{5}{16}$

14 **a)** $2 \cdot (-5) \cdot 3{,}79 = -10 \cdot 3{,}79 = -37{,}9$
b) $4 \cdot 25 \cdot (-0{,}1) \cdot (-1) = 100 \cdot 0{,}1 = 10$
c) $\frac{3}{4} \cdot 4 \cdot \left(-\frac{5}{7}\right) \cdot 7 = 3 \cdot (-5) = -15$
d) $-2 \cdot 1{,}3 \cdot 10 = -26$
e) ein Faktor null – Ergebnis null; 0
f) $-8 \cdot \frac{1}{8} \cdot (-4{,}35) = -1 \cdot (-4{,}35) = 4{,}35$
g) $(9-8) \cdot 17 = 1 \cdot 17 = 17$
h) $5 \cdot \left(-\frac{2}{5}\right) \cdot \frac{1}{4} = -2 \cdot \frac{1}{4} = -\frac{1}{2}$
i) $\left(\frac{1}{2} - \frac{3}{4}\right) : 4 = -\frac{1}{4} : 4 = -\frac{1}{16}$
j) $(-7-7) \cdot 0{,}2 = -14 \cdot 0{,}2 = -2{,}8$
k) $9 \cdot (1{,}7 + 0{,}3 - 1) = 9 \cdot 1 = 9$
l) $-2 \cdot (-2+4) = -2 \cdot 2 = -4$

34 **15** **a)** keine Klammern **b)** $1{,}2 : (4-5) = -1{,}2$ **c)** $\frac{1}{4} : \left(1 - \frac{5}{8}\right) = \frac{2}{3}$ **d)** $\left(-0{,}25 + \frac{1}{4}\right) : \frac{1}{4} = 0$
e) $\frac{1}{2} - \left(\frac{1}{2} - \frac{1}{2}\right) = \frac{1}{2}$ **f)** $\left(\frac{1}{8} + \frac{1}{4}\right) \cdot (4 - 12) = -3$

16
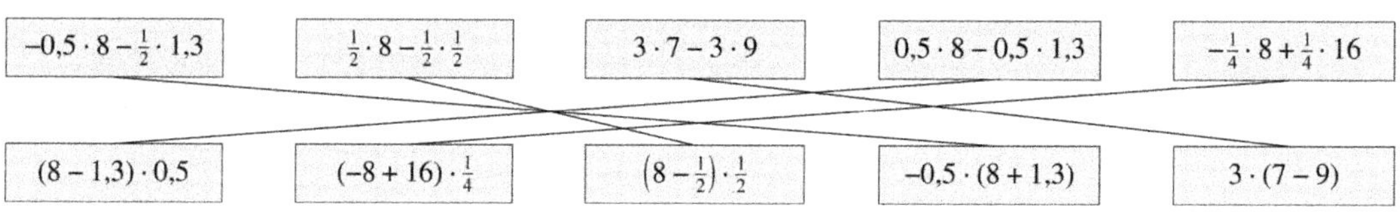

17 Ⓐ Ⓑ Ⓒ Ⓓ
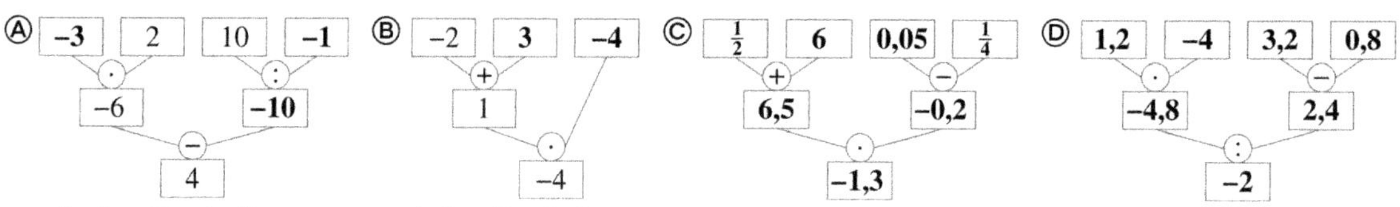

$-3 \cdot 2 - 10 : (-1)$ $(-2+3) \cdot (-4)$

34 **18 a)** $8a - 56$ **b)** $-2a + 2b$ **c)** $-12x + 4xy$

19 a) $-1{,}5 : 2 + 2{,}1 \cdot 1{,}5 = 2{,}4$ **b)** $149{,}292 : (2{,}2 \cdot 3{,}9) - 17{,}54 = -0{,}14$
c) $(5{,}76 - (8{,}8 - 0{,}79)) : 0{,}96 = -2{,}34375$

20 a) Ü: $25 - 5 \cdot 14 = -45$; E: $-53{,}09$ **b)** Ü: $-6 : (10 - 20) = 0{,}6$; E: $0{,}57$
c) Ü: $-8 \cdot (-1) : (-10) = -0{,}8$; E: $-1{,}03$

35 **21 a)** Temperatur um 22 Uhr -6 °C; Durchschnitt -3 °C
b) Es sei x die Temperatur in °C um 22 Uhr. Dann gilt: $(-18 + x) : 8 = -2{,}5$; $x = -2$
Die Temperatur hätte dann um 22 Uhr -2 °C betragen.
c) $T_F = 1{,}8 \cdot T_C + 32$

Uhrzeit	1 Uhr	4 Uhr	7 Uhr	10 Uhr	13 Uhr	16 Uhr	19 Uhr
Temperatur in °F	**23**	**19,4**	**23**	**32**	**35,6**	**32**	**26,6**

d) Februar $\approx -4{,}4$ °C; März $\approx -0{,}6$ °C; April 4,4 °C

22 a)

	256		
	16	16	
4	4	4	
2	2	2	2

	256		
	16	16	
4	4	4	
−2	−2	−2	−2

b) z.B.

	−120		
	−6	**20**	
24	$-\frac{1}{4}$	**−80**	
192	$\frac{1}{8}$	**−2**	**40**

23 a) Addiere zum vierten Teil von -280 das Produkt von -6 und $0{,}5$. $\mathbf{-280 : 4 + (-6) \cdot 0{,}5}$ -73
b) Multipliziere die Summe der Zahlen −7 und 13 mit $-\frac{1}{4}$. $(-7 + 13) \cdot \left(-\frac{1}{4}\right)$ **−1,5**
c) Subtrahiere von der Hälfte von 0,5 das Doppelte von $\frac{3}{4}$. $\mathbf{0{,}5 : 2 - \frac{3}{4} \cdot 2}$ **−1,25**
d) Dividiere 2 durch das Produkt aus $\frac{1}{2}$ und −4. $\frac{2}{\frac{1}{2} \cdot (-4)}$ **−1**

Nachdiagnose

36 **1 a)** -72 ❶ **b)** **56** ❶ **c)** -81 ❶ **d)** $-\frac{4}{7}$ ❶ **e)** $\frac{2}{5}$ ❶ **f)** $-0{,}14$ ❶
g) 2,3 ❶ **h)** 0 ❶

2 a) falsch; 450 ❶ **b)** falsch; -1200 ❶ **c)** richtig ❶ **d)** richtig ❶

3 a) $-3{,}7 \cdot 2{,}76 > 5{,}5 \cdot (-10)$ ❶ **b)** $-2 \cdot \frac{3}{4} < -30 \cdot (-0{,}1)$ ❶ **c)** $-4 \cdot \left(-\frac{3}{8}\right) = -\frac{1}{8} \cdot (-12)$ ❶
d) $-0{,}25 \cdot (-4) = 2 \cdot 0{,}5$ ❶

4 a) w; Das Produkt zweier Zahlen ist negativ, wenn die Zahlen verschiedene Vorzeichen haben. ❷
b) f; Gegenbeispiel: Aus $a = -2$ muss $b = \frac{1}{2}$ gelten.; $a < -1$, aber b nicht > 1 ❷

5 a) 16 ❶ **b)** -16 ❶ **c)** -64 ❶ **d)** -64 ❶ **e)** $\frac{4}{9}$ ❶ **f)** -18 ❶ **g)** -1 ❶ **h)** 100 ❶
i) 0,32 ❶ **j)** $-\frac{1}{5}$ ❶

37 **6 a)** -11 ❶ **b)** -6 ❶ **c)** 0,7 ❶ **d)** -7 ❶ **e)** 2 ❶ **f)** -27 ❶ **g)** 3 ❶ **h)** -44 ❶

7 a) $-225 : (\mathbf{-15}) = 15$ ❶ **b)** $\mathbf{-63} : 9 = -7$ ❶ **c)** $-4 : (\mathbf{-4}) = 1$ ❶ **d)** $-(9 - 11) : \mathbf{2} = 1$ ❶
e) $\mathbf{0} : \frac{1}{2} = 0$ ❶ **f)** $\mathbf{-1} : 0{,}5 = -2$ ❶ **g)** $\mathbf{-2{,}7} : (-0{,}3) = 9$ ❶ **h)** $\frac{2}{5} : \left(-\frac{3}{4}\right) = -\mathbf{\frac{8}{15}}$ ❶

8 a) 3 ❶ **b)** -4 ❶ **c)** -1 ❶ **d)** 10 ❶ **e)** $-\frac{3}{7}$ ❶ **f)** 6 ❶

9 a) $\mathbf{(}-9 - 5\mathbf{)} : 5 = -3$ ❶ **b)** keine Klammern ❶ **c)** $-\mathbf{(}5 - 6\mathbf{)} - 3 : 3 = 0$ ❶

10 a) Ü: 10; E: 10,18 ❷ **b)** Ü: -7; E: $-8{,}09$ ❷ **c)** Ü: -1; E: $-1{,}13$ ❷ **d)** Ü: -2; E: $-1{,}98$ ❷
e) Ü: 50; E: 4,79 ❷ **f)** Ü: 7; E: 6,39 ❷

Etwas andere Aufgaben

38

Zahl gesucht

$(2x-(-2)):0{,}5\cdot(-2{,}5)=-5;\ \ (2x-(-2)):0{,}5=2;\ \ 2x-(-2)=1;\ \ 2x=-1;\ \ x=-0{,}5$

Rechenschlange

$-125 \xrightarrow{:(-3)} \frac{125}{3} \xrightarrow{\cdot(-\frac{3}{5})} -25 \xrightarrow{\cdot(-\frac{1}{25})} 1 \xrightarrow{:(-\frac{5}{7})} -\frac{7}{5} \xrightarrow{+(-\frac{3}{5})} -2$

$-2 \xrightarrow{\text{davon ein Achtel}} -\frac{1}{4} \xrightarrow{-0{,}75} -1 \xrightarrow{-(-2{,}5)} 1{,}5 \xrightarrow{\text{davon das Quadrat}} 2{,}25 \xrightarrow{\cdot(-10)} -22{,}5$

Zahlenfolgen

a)	3	−6	9	−12	**15**	**−18**	**21**	**−24**	**27**	**−30**	**33**	**−36**	**39**	**−42**	45
b)	−7	−9	−6	−8	−5	**−7**	**−4**	**−6**	**−3**	**−5**	**−2**	**−4**	**−1**	−3	
c)	0,25	0,5	−0,5	−1	−2	**−4**	**−5**	**−10**	**−11**	**−22**	**−23**	**−46**	−47		
d)	3	5	−5	−3	3	5	**−5**	**−3**	**3**	**5**	**−5**	**−3**			

Mathematisches Kreuzworträtsel

						0													
1		A	D	D	I	T	I	O	N										
2	A	B	Z	I	E	H	E	N											
3				Q	U	A	D	R	A	T	Z	A	H	L	E	N			
4				N	U	L	L												
5		M	I	N	U	E	N	D											
6				A	S	S	O	Z	I	A	T	I	V	G	E	S	E	T	Z

39

Symbolrechnen

Ⓐ ❍ −11; ❒ 187; ✧ 66; ✰ −2; ☺ 4

Ⓑ z.B.: R 8; S 4; E 0; T 6; U 3; P 5; M 9; B 7

Ⓒ ❒ −3; ❍ 0,5; ✰ 27

Kniffliges

Ⓐ $(-8+4)\cdot(-8-4)-(-8):4=50$

Ⓑ Figur 6

Ⓒ z.B.: $y=0$ kann nicht gelten, weil dann $x=0$ gelten würde. Also kann auch x nicht null sein, somit z. Da Quadrate von Zahlen stets positiv sind, ist x positiv und somit y negativ.
$x>0;\ \ y<0;\ \ z=0$

Zahlendreieck

−3

−6 **−8**

−7 **−4**

−1 **−5** **−9** **−2**

40

Zahlenquadrate

Ⓐ

1	−4	3
2	0	−2
−3	4	−1

Ⓑ

−3	−10	−5
−8	**−6**	−4
−7	**−2**	−9

0	$-\frac{1}{4}$	1
$1\frac{1}{4}$	$\frac{1}{4}$	$-\frac{3}{4}$
$-\frac{1}{2}$	$\frac{3}{4}$	$\frac{1}{2}$

$-\frac{1}{2}$	**1,5**	**1,1**
2,3	0,7	**−0,9**
0,3	−0,1	**1,9**

Ⓒ

8	:	**−2**	−	5	=	−9
−		+		:		
5	−	5	:	**5**	=	4
·		:		·		
2	−	**1**	+	4	=	**5**
=		=		=		
−2		**3**		**4**		

Ⓓ

−1	−7	−5
−8		−2
−4	−3	−6

40 **Mathematik mit Hölzchen**

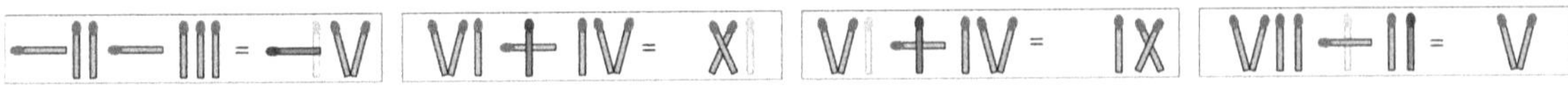

Historisches

Ⓐ Für die erste Bäuerin kommen diese Anzahlen infrage: 7; 15; **23**; 31; 39; 47; 55; **63**; 71; 79; 87; 95
Für die zweite Bäuerin kommen diese Anzahlen infrage: 7; 17; 27; **37**; 47; 57; 67; **77**; 87; 97
Die erste Bäuerin hat 23, die zweite 77 Eier. Oder: Die erste Bäuerin hat 63, die zweite 37 Eier.

Ⓑ $\frac{49}{2} + \frac{1}{2} = 25$

41 **Kreuzzahlrätsel**

Ⓐ

■	① −1	1	■	② 3
③ 2	0	■	④ −1	2
0	■	⑤ −3	2	■
⑥ 1	2	1	■	■

Ⓑ

① −1	② 4	0	■
③ 4	2	■	④ 1
1	■	⑤ 1	6
■	⑥ −1	6	0

Mit klarem Blick

		$-2 \cdot 3$	-3^2	-2		
	-5	-2	-3	-1^2	-2	
-4	-6	-3	-1	-5	-3	-2
-8	-1	-7	-5	-5	-3	-7
	-5	$6 \cdot (-1)$	-1	$(-2)^3$	-1	
		-2^2	$3 : (-1)$	$2 - 4$		

Nüsse knacken

① $x - (-30) = -28 + (-32)$; $x + 30 = -60$; $x = -90$

② $5x + 1 + 2 + 3 + 4 = -45$; $5x + 10 = -45$; $5x = -55$
$x = -11$
Es sind die Zahlen −11; −10; −9; −8; −7.

③ Für $x = 10$; 11; 12; 15; 18 und 27 ergeben sich jeweils
19; 10; 7; 4; 3 und 2.

Gesamtdiagnose

42

1 **a)** A und B ❷
b) $A(-4|1{,}5)$; $B(-2|3)$; $C(2|3)$; $D(3{,}5|1)$; $E(4|-1{,}5)$; $F(0|-3{,}5)$; $G(-4|-1{,}5)$ ❼
c) Markierungsübung; individuell verschieden; z.B.: $P_1(3|3)$; $P_2(0|0)$; $P_3(-1|-1)$; $P_4(-2|-2)$ ❹
Jeweils sind die Koordinaten gleich. ❶

2 **a)** −9; −3; −2,5; −2,05; 1,2; 3,2 ❷ **b)** −3; −2,8; −2,78; −2,07; 2,3; $2{,}\overline{3}$ ❷
c) −5; −4; −2,9; −1; $-\frac{2}{3}$; $1\frac{1}{8}$; 2; 7,5; 99 ❷

3 **a)** −1; 0; 1; 2; 3 ❷ **b)** −5; −4; −3; −2; −1 ❷
c) −7; −6; −5; −4; −3 ❷ **d)** −5; −4; −3; −2; −1; 0; 2; 3, 4; 5 ❷

4 **a)** f; −10 ist im Bereich der ganzen Zahlen der Nachfolger von −11. ❶ **b)** w ❶

43

5 **a)** 0 ❶ **b)** 15 ❶ **c)** −6 ❶ **d)** −35 ❶ **e)** −18 ❶ **f)** −601 ❶

6 **a)** −9,3 ❶ **b)** 1,2 ❶ **c)** −7,3 ❶ **d)** 32 ❶ **e)** 4 ❶ **f)** $-\frac{9}{8}$ ❶
g) $\frac{1}{4}$ ❶ **h)** $-\frac{7}{9}$ ❶ **i)** $-\frac{5}{6}$ ❶ **j)** 0,25 ❶ **k)** −4,7 ❶ **l)** $-\frac{5}{6}$ ❶

7

a	b	c	$a+b$	$b-c$	$a-(b+c)$	$-a-b-c$	$-a-(-b-c)$
−2,5	−2	0,5	**−4,5**	**−2,5**	**−1**	**4**	**1**
−6	1	−2	**−5**	**3**	**−5**	**7**	**5**
−4	2	**0,75**	**−2**	**1,25**	**−6,75**	1,25	**6,75**

je ❶

8 **a)** $2{,}5 - (2{,}5 - 2{,}5) = 2{,}5$ ❶ **b)** $-0{,}4 - (-0{,}7 - 2{,}3) > -(0{,}4 + 3)$ ❶ **c)** $\frac{1}{2} - \left(\frac{1}{2} - \frac{1}{4}\right) > -\frac{1}{4}$ ❶
d) $3{,}2 - (-2{,}4 - 0{,}5) > 3{,}2 + 1{,}6$ ❶ **e)** $0{,}4 - \frac{1}{2} < \frac{1}{2} - 0{,}4$ ❶ **f)** $-4 + \frac{3}{4} < 4 + \left(-\frac{3}{4}\right)$ ❶

9 **a)** 6,6 ❶ **b)** −0,4 ❶ **c)** −9 ❶ **d)** 0,7 ❶ **e)** 9 ❶ **f)** $-\frac{2}{5}$ ❶
g) 1,5 ❶ **h)** $-\frac{1}{4}$ ❶ **i)** −2 ❶ **j)** −80 ❶ **k)** 9 ❶ **l)** 0,025 ❶

44 **10 a)** $x : 2 = -1{,}7;\ \ x = -3{,}4$ ❶ **b)** $2 \cdot (-7) + x = -28;\ \ x = -14$ ❶ **c)** $2x = -7;\ \ x = -3{,}5$ ❶

11 a) $-5 \cdot 3 = 45 : (-3)$ ❶ **b)** $2 \cdot (-10) > -4 \cdot 10$ ❶ **c)** $-\frac{1}{5} < -\frac{1}{5} : (-5)$ ❶
d) $-\frac{1}{2} \cdot 3 < -1 : \left(-\frac{1}{3}\right)$ ❶ **e)** $-3 \cdot (-2 + 7{,}2) > -3 \cdot 7{,}2$ ❶ **f)** $\frac{2}{3} : \left(-\frac{4}{9}\right) < -\frac{2}{3} \cdot \left(-\frac{9}{4}\right)$ ❶

12 a) -9 ❶ **b)** 36 ❶ **c)** -9 ❶ **d)** -1 ❶ **e)** 450 ❶ **f)** -1 ❶
g) $-\frac{4}{3} = -1\frac{1}{3}$ ❶ **h)** $-0{,}5$ ❶ **i)** $2{,}5$ ❶

13 ① $-5 + 1 + 4 = 0$; ② $-3 \cdot (-1 - 1) = 6$; ③ $2 \cdot (-1)^2 + 5 \cdot 1 + 1 = 8$; ④ $-1 + (-1) : 1 = -2$;
⑤ $-(-1) - (-1) - 5 = -3$ je ❶
Den kleinsten Wert hat der Term ⑤. ❶

14 a) Ü: -2630; E: $-2490{,}1$ ❷ **b)** Ü: 7; E: $6{,}6$ ❷

Terme und Gleichungen

Vorwissen

Ausgangsdiagnose

Bemerkungen oder Lösungswege können teilweise nur beispielhaft sein, weil es verschiedene Möglichkeiten geben kann.

48 **1**

w	f	
	×	richtig $7 + (7 + 3)$ auch ohne Klammern
×		gleiche Einheiten in €, also $5\,€ + 19 \cdot 0{,}08\,€ + 83 \cdot 0{,}06\,€$
	×	Die Tagesangabe darf nicht in die Rechnung. richtig $40 + (40 - 3) + 2 \cdot 40$ auch ohne Klammern
	×	richtig $12 \cdot 12 + 12 \cdot (12 + 2)$
×		Erwachsene zahlen 4,50 €, also $3 \cdot 3{,}50\,€ + 2 \cdot 4{,}50\,€$

2

w	f	
×		Regel für die Multiplikation rationaler Zahlen richtig angewendet
×		Regel für die Addition rationaler Zahlen richtig angewendet
	×	richtiges Ergebnis -4
×		Regel für die Subtraktion rationaler Zahlen richtig angewendet
	×	Ergebnis muss positiv sein, also 2

3

w	f	
	×	Punkt- vor Strichrechnung, also $3 + 36 = 39$
×		Summanden dürfen vertauscht werden.
	×	Punkt- vor Strichrechnung, also $6 + 21 = 27$
×		Distributivgesetz – Ausklammern wurde richtig angewendet
	×	Minuend und Subtrahend dürfen nicht vertauscht werden.

49 **4**

w	f	
	×	Multiplizieren heißt „malnehmen", also $12 \cdot 7$.
×		Differenz heißt minus.
	×	Dreifaches von 16 heißt „malnehmen", also $3 \cdot 16 + 7 \cdot 9$.
	×	Es müssen Klammern gesetzt werden, also $(19 + 7) \cdot (19 - 7)$.
×		Nachfolger von 17 ist 18, und das Produkt muss in Klammern gesetzt werden.
×		Quotient – „geteilt", Produkt – „mal", Differenz – minus, keine Klammern – Punkt- vor Strichrechn.

5

w	f	
	×	mit Klammern Ergebnis 45, ohne Klammern 29, wegen veränderter Vorrangrechnung
	×	Klammern nicht weglassen, sonst ändert sich die Vorrangrechnung und somit das Ergebnis.
	×	Klammern nicht weglassen, sonst ändert sich die Vorrangrechnung und somit das Ergebnis.
×		$-2 \cdot 11 = -22$
	×	$3 \cdot (12 - 9 - 14) = 3 \cdot (-11) = -33$

6

w	f	
×		Die Summen müssen in Klammern gesetzt werden wegen Vorrangrechnung „mal".
	×	Es müssen Klammern gesetzt werden, also $(8 - (-4)) \cdot 2 + 9$.
	×	Es ist ein Produkt aus zwei Summen.
×		$(8 - (-4)) \cdot 2 + 9 = 12 \cdot 2 + 9 = 24 + 9 = 33$
	×	$(8 - (-4) + 2) \cdot 9 = 14 \cdot 9 = 126$

Förderangebot

50

1 $15 + 15 + 4 = 34$; $150 : 34 = 4$ Rest 14 Sie müssen 5 Monate sparen.

2 Max 12; Schwester $\frac{1}{2}x - 2 = 4$; Bruder $18 - x = 6$; Mutter $2x + 9 = 33$; Vater $3x - 2 = 34$

3 $x + 2x = 90$; $x = 30$ Tina hat 30 h gearbeitet, Lina 60 h.

4 (3 · (−2)) 12 − 6 (−22 + 3) (5 − 8) 18 − 13 (−14 : 2) (−7 · 3)
5 · 3 (−11 + 7) −7 · (−6) (−3 − 12) −3 + 9 (−9 + 7)
(−12 : 2) (−21 + 4) (13 − 18) (8 · (−7)) 14 : 7 −32 : −16 (16 : (−4))

Es sind **13** Aufgaben zu rechnen: $3 \cdot (-2) = -6$; $-12 : 2 = -6$; $-21 + 4 = -17$; $-11 + 7 = -4$; $-22 + 3 = -19$; $13 - 18 = -5$; $5 - 8 = -3$; $8 \cdot (-7) = -56$; $-3 - 12 = -15$; $-14 : 2 = -7$; $-9 + 7 = -2$; $16 : (-4) = -4$; $-7 \cdot 3 = -21$

5 individuell verschiedene Beispiele; z.B.:
Addition: $9 + (-12) + 5 = 2$; Subtraktion: $8 - (-2) - 1 = 9$; Multiplikation: $-2 \cdot 5 \cdot (-3) = 30$

51

6 **a)** 66 **b)** 80 **c)** 46 **d)** 16

7 **a)** $11 \cdot (18 + 12) = 330$ **b)** $21 + 30 = 51$ **c)** $15 \cdot (18 + 22) = 600$ **d)** $8 \cdot (17 - 7) = 80$
e) $70 + 56 = 126$ **f)** $13 \cdot (12{,}5 + 7{,}5) = 260$

8 **a)** $24 : 8$; $16 + (-7)$; $-3{,}4 - 2{,}7$; $0{,}5 \cdot (-9)$ **b)** $12 \cdot (-8 + 2)$; $(3{,}5 - 7) : (-4)$

9 **a)** −9 **b)** −26 **c)** −16 **d)** 3 **e)** −135 **f)** −16

10 **a)** $(3 + 5) \cdot 7 - 9 = 47$ **b)** $(7 + 7 + 3) \cdot 8 = 136$ **c)** $(6 + 6) \cdot 6 - 6 = 66$
d) $20 : 5 \cdot (4 + 7) = 44$ **e)** $-(18 - 12 - 7) + 3 = 4$ **f)** $1 - (2 - 3 - 4) = 6$

11 **a)** $3 \cdot 9 - 5 \cdot (-2) = 27 + 10 = 37$ **b)** $(-22 + 13) \cdot (-14 + 21) = -9 \cdot 7 = -63$
c) $(2 - 17) \cdot 6 = -15 \cdot 6 = -90$

Nachdiagnose

52

1 **a)** $x + 3x = 36$; $x = 9$; Erkan hat 9 CDs ❶
b) $(237 - 60 - 135) : 7 = 42$; $42 : 7 = 6$; Jeder bekommt 6 € Taschengeld. ❷
c) $12 + 12 - 3 + 2 \cdot (12 - 5) = 35$; Zusammen sind sie 35 Jahre alt. ❷

2 rot, grün, gelb, blau
(−99 : (−11)) (12 − 21) (21 − 12) (−3 · (−4)) (6 · (−2)) (−38 + 47) je ❶
(−72 : 8) (−9 − 3) (−96 : 8) (−50 + 62) (−38 + 29) (96 : 8)

3 **a)** $2 \cdot (20 + 15) = 2 \cdot 20 + 2 \cdot 15$ ❶ **b)** richtig ❶ **c)** richtig ❶
d) $18 \cdot 23 - 18 \cdot 13 = 18\,(23 - 13)$ ❶ **e)** richtig ❶ **f)** richtig ❶
g) richtig ❶ **h)** $45 - 39 : 3 = 45 - 13$ ❶

53

4 **a)** $7 \cdot (11 + 20)$ ❶ **b)** $80 : 4$ ❶ **c)** $7 \cdot 9 + 13$ ❶ **d)** $77 - 8 \cdot 9$ ❶ **e)** $(12 + 3)\,(21 - 14)$ ❶

5 **a)** $78 - (12 + 66) = 0$ ❶ **b)** $29 - (22 + 9) + 2 = 0$ ❶ **c)** $17 \cdot ((-2) + 8 - 6) = 0$ ❶
d) $29 - (13 + 17 - 1) = 0$ ❶ **e)** $(30 - 10 - 20) : 5 = 0$ ❶ **f)** $8 \cdot ((-2) + 4) + 64 = 0$ ❶
g) $(-7 + 15) : 2 - 4 = 0$ ❶ **h)** $12 - (18 + 4) + 10 = 0$ ❶

6 ① Ⓔ; ② Ⓑ; ③ Ⓐ; ④ Ⓕ; ⑤ Ⓒ; ⑥ Ⓓ je ❶

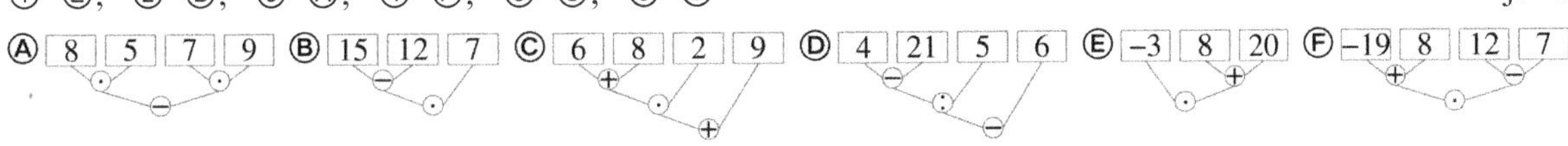

Terme aufstellen und berechnen

Ausgangsdiagnose

w	f	Bemerkungen oder Lösungswege können teilweise nur beispielhaft sein, weil es verschiedene Möglichkeiten geben kann.

54

1

w	f	
	×	Der richtige Term lautet $x - 4$, da die Schwester 4 Jahre jünger ist.
	×	Der richtige Term ist $3x$, denn der Vater ist dreimal so alt.
×		$3x - (x - 4) = 3x - x + 4 = 2x + 4$
×		Vater $3x$, Marek x, Schwester $x - 4$, also $3x + x + x - 4$
×		12 Monate mal dem Betrag
	×	Der richtige Term ist $x + 7$, weil der Bruder 7 € mehr bekommt.
	×	y gibt an, um wie viel sich das Taschengeld erhöht.

2

w	f	
×		zwei schräge „k-Linien“ und drei „Doppelkästchen-m-Linien“
	×	Es sind zwar zwei schräge „k-Linien“, jedoch nur fünf „Doppelkästchen-m-Linien“, also $2k + 5m$.
×		Es sind acht halbe m, also vier „ganze“, zwei schräge „l-Linien“ und vier schräge „k-Linien“.
×		$2k + 5m - (2k + 3m) = 2k - 2k + 5m - 3m = 2m$
	×	Der richtige Term ist $4k + 2m$, da die längste Seite im neuen Umfang nicht mehr vorhanden ist.

55

3

w	f	
×		Dreifaches drei mal x; um 2 vermindert minus 2
×		Differenz minus
	×	Es müssen Klammern gesetzt werden, denn die gesamte Summe wird verfünffacht, also $5(x + 23)$.
	×	Nachfolger bedeutet $x + 1$, also $x \cdot (x + 1)$
×		Doppeltes $2x$; Vierfaches $4y$; Summe plus, also $2x + 4y$

4

w	f	
×		Es müssen keine Klammern gesetzt werden, weil Punkt- vor Strichrechnung gilt.
	×	Es ist eine Differenz aus zwei Produkten.
	×	Es müssen Klammern gesetzt werden, sodass beide Summen miteinander multipliziert werden.
×		Die Schenkel hätten dann die Länge x, die Basis die Länge y.
	×	Da Punkt- vor Strichrechnung gilt, sind keine Klammern erforderlich.

5

w	f	
×		$5 \cdot 4 + 4 = 20 + 4 = 24$
	×	Klammern gehen vor. $3 \cdot (7 - 3) = 3 \cdot 4 = 12$
×		$2 \cdot 0{,}5y - y = y - y = 0$
×		Es muss gelten $2x > 6$, also $x > 3$.

Förderangebot

56

1

Situation	Term	Bedeutung von x	Bedeutung des Terms
Klara ist 2 Jahre jünger als ihre Schwester.	$x + 2$	**Klaras Alter**	**Alter der Schwester**
Markus bekommt doppelt so viel Taschengeld wie Ingo.	$2x$	**Betrag von Ingo**	**Betrag von Markus**
Der Verein A hat 3 Mitglieder mehr als der Verein B.	$\mathbf{x - 3}$	Anzahl der Mitglieder von Verein A	**Anzahl der Mitglieder von Verein B**
Tim spart jeden Monat $\frac{1}{10}$ seines Taschengeldes.	$\mathbf{\frac{9}{10}x}$	**Taschengeldbetrag**	Geld, das übrig bleibt

2 Großmutter $4x$; Bruder $x - 5$; Schwester $(x + 3) : 2$

3 **a)** das Doppelte von Berts Taschengeld
b) 4 € weniger als Annas Taschengeld
c) die Differenz aus den Taschengeldbeträgen von Anna und Bert
d) die Summe aller Taschengeldbeträge

4 ① $4r$; ② $4s + 4t$; ③ $4t + 2r$; ④ $4r + 2t$; ⑤ $2s + 2t + 2r$; ⑥ $5s + r$

5 ① $12x$; ② $16x$; ③ $6x + 3y$; ④ $4x + 4y$; ⑤ $12x + 5y$

57 **6** Ⓐ — ⑤; Ⓑ — ②; Ⓒ — ⑨; Ⓓ — ⑥; Ⓔ — ④; Ⓕ — ③

7 **a)** $7x - y$ **b)** $(-8 + x) \cdot 4$ **c)** $8x + 9 : y$ **d)** $(-7 + x) \cdot x \cdot y$

8 **a)** 4 **b)** 2 **c)** −40 **d)** −42 **e)** 1 **f)** 0 **g)** −48

9 **a)**

1. Jahr	2. Jahr	3. Jahr	4. Jahr
0 + 16 + 40 = 56 [€]	56 + 3 · 8 = 80 [€]	80 + 3 · 8 = 104 [€]	104 + 3 · 8 = 128 [€]

b) $12 \cdot (56 + 80 + 104 + 128) = 4416$ Insgesamt ergibt das 4416 €.

Nachdiagnose

58 **1**

Situation	Term	Bedeutung von x	Bedeutung des Terms
Karl hat für die Hausaufgaben 45 min länger gebraucht als Otto.	$x + 45$	**Dauer der Hausaufgaben von Otto**	**Dauer der Hausaufgaben von Karl**
Oles mp3-Player hat 3-mal so viel Speicherplatz wie Tims.	$\mathbf{\frac{1}{3}x}$	Speicherplatz von Oles mp3-Player	**Speicherplatz von Tims mp3-Player**
Maren hat im Test halb so viele Punkte wie Justin. Sie entdeckt einen Fehler in der Korrektur und bekommt noch 2 Punkte.	$\mathbf{\frac{1}{2}x + 2}$	**Anzahl der Punkte von Justin**	Anzahl der Punkte von Maren
Lena war vor 3 Jahren doppelt so alt wie Franzi es heute ist.	$2x + 3$	**Alter von Franzi**	**Alter von Lena**

je ❶

2 **a)** $r + 2s + t$ ❶ **b)** $2r + s + 2t$ ❶ **c)** $4r + 4s$ ❶ **d)** $4r + s$ ❶ **e)** $3r + 3sr + 3t$ ❶
f) $4r + 2t$ ❶

3 **a)** $4a + 8b$ ❶ **b)** $24a$ ❶ **c)** $4a + 6b$ ❶ **d)** $12a + 4b$ ❶

59 **4**

Term	Wortformulierung
$12x$	**das Zwölffache von x**
$\mathbf{x + 3x}$	die Summe aus x und dem Dreifachen von x
$\mathbf{12x : 4}$	der Quotient aus dem Zwölffachen von x und 4
$7x - 3$	**das Siebenfache von x vermindert um 3**
$\mathbf{x\,(17 - x)}$	das Produkt aus x und der Differenz von 17 und x
$\frac{1}{2}x - 5y$	**die Differenz aus der Hälfte von x und dem Fünffachen von y**

je ❶

5 **a)** 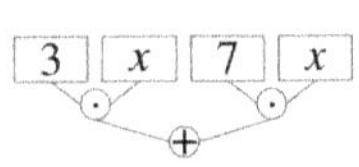

b) 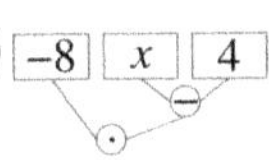

c) 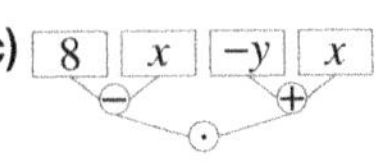

je ❶

6 Ergebnisse von oben nach unten: hier hintereinander
a) 16; −43; 11; 22 je ❶ **b)** 12; −29; −4; 1 je ❶

Terme umformen

Ausgangsdiagnose

w	f	Bemerkungen oder Lösungswege können teilweise nur beispielhaft sein, weil es verschiedene Möglichkeiten geben kann.

60 **1**

w	f	
×		richtig zusammengefasst
	×	falsch subtrahiert: $19 - 8 = 11$, also zusammengefasst $11x + 7$
	×	Nur Vielfache gleicher Variablen dürfen zusammengefasst werden.
×		richtig zusammengefasst
	×	Nur die Vielfachen von k zusammenfassen, also $-6k + 7x$.
×		richtig zusammengefasst
	×	Es darf nicht zusammengefasst werden.

60 **2**

×		Nur die Variablenvielfachen werden multipliziert.
	×	Es wird dividiert, also $7x$.
	×	Die Variable bleibt erhalten, also $9y$.
×		Zahlen und Variablen richtig multipliziert
	×	$x \cdot x = x^2$, also x^2y
	×	Vorzeichenfehler: $-18ab$
×		richtig multipliziert

3

×		Klammer richtig aufgelöst und richtig zusammengefasst
×		Klammer richtig aufgelöst und richtig zusammengefasst
×		Klammer richtig aufgelöst und richtig zusammengefasst
	×	Klammer falsch aufgelöst: $3c - 8 - 3c = -8$
	×	Klammer falsch aufgelöst: einfach weglassen, also zusammengefasst 0
	×	falsch zusammengefasst: $64x + 27$
×		Klammern richtig aufgelöst und richtig zusammengefasst

61 **4**

	×	Auch 7 muss mit 3 multipliziert werden, also $3x + 21$.
×		x kann als gemeinsamer Faktor ausgeklammert werden.
	×	Vorzeichenfehler und Quadrat; $-4a^2 - 28a$
×		$3r$ kann als gemeinsamer Faktor ausgeklammert werden.
×		n kann als gemeinsamer Faktor ausgeklammert werden.
	×	Vorzeichenfehler; $-2x + 2xy$

5

	×	$3 \cdot 7 = 21$, also $7x + xy + 21 + 3y$
×		Es wurde korrekt ausmultipliziert.
	×	Es wurden Teilprodukte vergessen. Auch Zusammenfassen. $-14a^2 + 22a + 12$
	×	Es wurden mehrere Fehler gemacht. $m^2 - m - 12$
×		Zwei Teilprodukte ergeben zusammen 0.
	×	Vorzeichenfehler; $ab - 3a - 3b + 9$

6

	×	$9^2 = 81$, also $81 + 18x + x^2$
	×	mehrere Vorzeichenfehler; $4x^2 - 4xy + y^2$
×		Die 2. binomische Formel wurde richtig angewendet.
	×	Es wurde y hinter der Klammer vergessen. $x^2 + 2xy + y^2 + y$
	×	$16 = 4^2$, also $(9p + 4)(9p - 4)$
	×	Der mittlere Summand weicht von der binomischen Formel ab, also ist ihre Anwendung unmöglich.
×		Die 1. binomische Formel wurde richtig angewendet.
	×	Die 2 muss als Faktor vor der Klammer stehen. $2(a^2 + 2ab + b^2) = 2(a + b)^2$
×		Die 3. binomische Formel wurde richtig angewendet.

Förderangebot

62 **1** $3x - 4x$ **$-x$** $4a + 8y$ $-a - 7a$ **$-8a$** $7ab - 8a$ **$4x + 7$** $8s - 7$ $-2xy + 12xy$ **$10xy$**

$6x^2 - 4x$ $5a^2 - 6b + 81a^2$ **$86a^2 - 6b$** $1{,}4x + 7 + 2{,}6x$ $a + 8b + 3b$

$4m - 7n + 8m + 3n$ **$12m - 4n$** $16a^2 - 17b + 16a - 15b^2$ $2x + 6y$ **$a + 11b$** $x^2 - x$

2 a)

$7x + 24$
$5x + 14$ | **$2x + 10$**
$4x + 7$ | **$x + 7$** | **$x + 3$**
$4x$ | 7 | x | 3

b)

$6y - x - 9$
$x + 4y - 3$ | **$2y - 2x - 6$**
$x + 2y$ | **$2y - 3$** | **$-2x - 3$**
x | $2y$ | -3 | $-2x$

c)

$-18x - y + 5$
$-2x - 4y + 6$ | **$-16x + 3y - 1$**
$6x - 2y + 3$ | **$-8x - 2y + 3$** | $-8x + 5y - 4$
$6x$ | $-2y + 3$ | $-8x$ | $5y - 4$

3 a) $24x$ b) $-18x$ c) $4xy$ d) $-51xy$ e) $72xy$ f) $6x$ g) $\frac{1}{4}mn$ h) $\frac{x}{y}$

4 a)

$8000xy$
$100x$ | **$80y$**
$5x$ | **20** | **$4y$**
x | 5 | 4 | y

b)

$64a^2b$
$8a$ | **$8ab$**
$-2a$ | **-4** | **$-2ab$**
a | -2 | 2 | $-ab$

c)

$8x^2y^3$
$-2xy^2$ | **$-4xy$**
xy | $-2y$ | $2x$
x | y | **-2** | **$-x$**

62 **5** zu ergänzende Terme: **a)** $\frac{3}{x}$ **b)** $3x$ **c)** 5 **d)** $-3xy$ **e)** $-27y$ **f)** $24x$
g) $2xy$ **h)** $3xy$ **i)** $\frac{1}{5}x$ **j)** $\frac{8x^2}{3y}$ **k)** $-\frac{5}{8}y$ **l)** $-\frac{1}{9}ax$

63 **6** **a)** $A = 2ab$ **b)** $A = 6ab$ **c)** $A = 12ab$ **d)** $A = 10ab$

7 $17x - (5 + 2x + 3)$ $8x + (9x - 7)$ $-2x - (3x - 7 - 2x)$ $3x - (12x + 7y)$
$3 \cdot (x \cdot y) \cdot 4$ $-(6a - 3c) + (4a - 7c)$ $3 - (7a + 4b^2 - 15 - 3b) - b^2$ $18a - 7 + (14 + a)$

$17x - (5 + 2x + 3) = 17x - 8 - 2x = 15x - 8$; $-(6a - 3c) + (4a - 7c) = -6a + 3c + 4a - 7c = -2a - 4c$;
$-2x - (3x - 7 - 2x) = -2x - x + 7 = -3x + 7$;
$3 - (7a + 4b^2 - 15 - 3b) - b^2 = 3 - 7a - 4b^2 + 15 + 3b - b^2 = -7a - 5b^2 + 3b + 18$;
$3x - (12x + 7y) = 3x - 12x - 7y = -9x - 7y$

8 **a)** $7x - (4x + 3x) = 0$ **b)** $3y - (5x + 2y) - y + 5x = 0$ **c)** $5z - (3z - 4z + 6z) = 0$
d) $6x - (6y + 6x) + 6y$ **e)** $3b + 7 - (6 + 1) - 3b$ **f)** $-(8 - a - 3a) + 5 - (4a - 3) = 0$

9 $5(x - 7)$ $-35 + 5x$ $-7xy + 35x$ $-5x(y + 7)$ $-35 - 5x$ $35x + 7x$
$-5(7 - x)$ $5x - 35$ $5x - 7x$ $-5xy - 35x$ $7x(-5x + 1)$
$-5xy - 35$ $-35x^2 + 7x$ $-x(7y - 35)$ $-7xy - 35x$

10 $18x + 6 - 9y$ $-12x + 9$ $28x + 15$ $2x^2 + 8xy - x$
$49y - 21x$ $\frac{1}{2}x - \frac{1}{2}y + \frac{1}{2}$ $32 + 49x^2$ $7x - 11$
$-27x^2 - 81xy + 24y^2$ $\frac{1}{2}a^3 + 19a^2$ $-14x^2 + 7y - 13xy$ $\frac{1}{7}a - \frac{2}{7}b$

$18x + 6 - 9y = 3(6x + 2 - 2y)$; $49y - 21x = 7(7y - 3x)$; $-27x^2 - 81xy + 24y^2 = 3(-9x^2 - 27xy + 8y^2)$;
$-12x + 9 = 3(-4x + 3)$; $\frac{1}{2}a^3 + 19a^2 = a^2\left(\frac{1}{2}a + 19\right)$; $\frac{1}{2}x - \frac{1}{2}y + \frac{1}{2} = \frac{1}{2}(x - y + 1)$;
$2x^2 + 8xy - x = x(2x + 8y - 1)$; $\frac{1}{7}a - \frac{2}{7}b = \frac{1}{7}(a - 2b)$

64 **11** zu ergänzende Terme:
a) 2 **b)** -2 **c)** $3x$ **d)** $8x$ **e)** $-z$ **f)** $12x$

12 **a)** $A = 2a(b + c) = 2ab + 2ac$ **b)** $A = a(3b + c) = 3ab + ac$ **c)** $A = 2a(2b + 3c) = 4ab + 6ac$
d) $A = 3a(b + 2c + 4d) = 3ab + 6ac + 12ad$ **e)** $A = 2a(a + 2b + 5d) = 2a^2 + 4ab + 10ad$

13 **a)** $15x + 6$ **b)** $-16x + 24y$ **c)** $-5x + 20y$ **d)** $60x + 45xy$
e) $36xy + 54y^2$ **f)** $16x + 7$ **g)** $30ab - 72b^2 - 60ab^2$ **h)** $8a^2 + 48ab - 96a$

14 **a)** $3(\mathbf{xy} + 7) = 3xy + \mathbf{21}$ **b)** $12x + \mathbf{96} = 4(\mathbf{3x} + 24)$ **c)** $\mathbf{-6y}(3y - 7) = -18y^2 + \mathbf{42y}$
d) $\mathbf{-4}(-6 + \mathbf{4x^2}) = 24 - 16x^2$ **e)** $20x^2y - \mathbf{xy} = xy(\mathbf{20x} - 1)$ **f)** $-45x + 15xy = \mathbf{-5x}(\mathbf{9} - 3y)$

15

1. Faktor	·	2. Faktor	=	Ergebnis
$(3x + 4)$		$(4x - 7)$		$-8x^2 + 23x - 14$
$(3y + 2x)$		$(6x - 7)$		$-9x + 2xy + 12y - 54$
$(5y - 8)$		$(-6 - x)$		$18x^2 + 3x - 28$
$(-2y - 9)$		$(2y - 9)$		$-36x - 8xy + 14y + 63$
$(8x - 7)$		$(6 + 2x)$		$-2x^2 - 12x - 3xy - 18y$
$(6 + x)$		$(2 - x)$		$-16x + 10xy + 30y - 48$

16 **a)** $(x - 7) \cdot (6 - y) = 6x - xy + 42 - 7y$ **b)** $(-2x - 3) \cdot (-5 - y) = 10x + 2xy + 15 + 3y$
c) $(3x + 8) \cdot (-4 - 2x) = -12x - 6x^2 - 32 - 16x$ **d)** $(-x + 4) \cdot (3 - x) = x^2 + 12 - 7x$
e) $(5 - x + 2y) \cdot (7 - y) = 35 - 5y - 7x + xy + 14y - 2y^2$
f) $(-7x + 3y) \cdot (3x - y - x^2) = 7x^3 - 3x^2y - 21x^2 + 16xy - 3y^2$

65 **17** **a)** $12a - 7b + 4ab - 21$ **b)** $-8a^2 + 88a - ab + 11b$ **c)** $2a^2 + 7a - 49$
d) $5x^2 + 2x + 30xy + 12y$ **e)** $21x + 18xy - 24y - 28$ **f)** $-9x^2 + 77x - 40$
g) $-2x^2 - x + 6xy - 27y + 45$ **h)** $-18a^2 + 72a + 18ab + 24b + 8b^2$

65 **18 a)** $(x+3)(2-\mathbf{y}) = \mathbf{2x} - xy + \mathbf{6} - 3y$ **b)** $(\mathbf{4}+x)(7+\mathbf{x}) = 28 + 11x + x^2$
c) $(\mathbf{6}-\mathbf{y})(-2x+y) = -12x + \mathbf{6y} + 2xy - \mathbf{y^2}$ **d)** $(-3x+\mathbf{y})(\mathbf{-x}-4) = 3x^2 + \mathbf{12x} - xy - 4y$
e) $(\mathbf{5y}-2x)(3x+\mathbf{6}) = 15xy + 30y - \mathbf{6x^2} - \mathbf{12x}$ **f)** $(\mathbf{-3}-\mathbf{9x})(8x-3y) = -24x + \mathbf{9y} - 72x^2 + \mathbf{27xy}$

19 (rot) (grün) (blau)
$9x^2+24x+16$ (rot) $16x^2+24x+36$ $36x^2-12x+1$ (rot) $49-112y+64y^2$ (rot)
$x^2-12x+36y^2$ $81x^2-y^2$ (grün) y^2-y+1 $9x^2-64$ (grün)
$36x-49$ $x^2+4xy+4y^2$ (rot) $6x^2+6xy+y^2$ $-144-9y^2$

1. binomische Formel: $9x^2+24x+16=(3x+4)^2$; $x^2+4xy+4y^2=(x+2y)^2$
2. binomische Formel: $36x^2-12x+1=(6x-1)^2$; $49-112y+64y^2=(7-8y)^2$
3. binomische Formel: $81x^2-y^2=(9x+y)(9x-y)$; $9x^2-64=(3x-8)(3x+8)$

20 a) $x^2-14x+49$ **b)** $4x^2+24x+36$ **c)** $x^2-8xy+16y^2$ **d)** $36x^2-9$
e) $81-54x+9x^2$ **f)** $100x^2+160xy+64y^2$ **g)** $25-16x^2$ **h)** x^3+3x^2+3x+1

21 a) $(5x+\mathbf{2})^2 = \mathbf{25x^2}+20x+4$ **b)** $(6-\mathbf{2y})^2 = 36 - \mathbf{24y} + 4y^2$ **c)** $(\mathbf{3x}-4y)^2 = 9x^2 - \mathbf{24xy} + \mathbf{16y^2}$
d) $36b^2-\mathbf{49} = (\mathbf{6b}-7)(\mathbf{6b}+7)$ **e)** $1+\mathbf{2y}+y^2 = (\mathbf{1}+y)^2$ **f)** $64x^2 - \mathbf{48xy} + \mathbf{9y^2} = (\mathbf{8x}-3y)^2$

22 a) $(2x+2)^3 = (2x+2)^2\cdot(2x+2) = (4x^2+8x+4)(2x+2) = 8x^3+24x^2+24x+8$
b) $(-2x-7y)^3 = (-2x-7y)^2\cdot(-2x-7y) = (4x^2+28xy+49y^2)(-2x-7y) = -8x^3-84x^2y-294xy^2-343y^3$

Nachdiagnose

66 **1 a)** $-2x$ ❶ **b)** $3x$ ❶ **c)** $14x$ ❶ **d)** $4x+3y$ ❶ **e)** $-13x-12$ ❶ **f)** $9x-5y$ ❶
g) $12x^2-5x-18$ ❶ **h)** $-23x-21$ ❶

2 a) $18x - \mathbf{11x} = 7x$ ❶ **b)** $-12x + \mathbf{25x} = 13x$ ❶ **c)** $23x - \mathbf{46x} = -23x$ ❶ **d)** $2x - \mathbf{9} + 6x = 8x - 9$ ❶
e) $9x^2 + \mathbf{9x} - 5x = 9x^2 + 4x$ ❶ **f)** $2x - \mathbf{3x} + 8y + \mathbf{3y} = -x + 11y$ ❶
g) $-3x + \mathbf{6y} + 6y - \mathbf{3x} = -6x + 12y$ ❶

3 a)

$\cdot$	2	$-4x$	$9y$	-12
$6x$	$\mathbf{12x}$	$\mathbf{-24x^2}$	$\mathbf{54xy}$	$\mathbf{-72x}$
$-8y$	$\mathbf{-16y}$	$\mathbf{32xy}$	$\mathbf{-72y^2}$	$\mathbf{96y}$

b)

$:$	6	-2	$3x$	$-4x$
$-36xy$	$\mathbf{-6xy}$	$\mathbf{18xy}$	$\mathbf{-12y}$	$\mathbf{9y}$
$60x^2$	$\mathbf{10x^2}$	$\mathbf{-30x^2}$	$\mathbf{20x}$	$\mathbf{-15x}$

je ❶

4 zu ergänzende Terme:
a) $8x$ ❶ **b)** $12x$ ❶ **c)** -5 ❶ **d)** $-3x$ ❶ **e)** 5 ❶ **f)** $5y$ ❶ **g)** $2x$ ❶ **h)** $-\frac{10}{x}$ ❶

5 a) $23x-9$ ❶ **b)** $27x-15$ ❶ **c)** $6x-12y$ ❶ **d)** $-6x-12y$ ❶

67 **6 a)** $7(2x-3)$ ❶ **b)** $4(-7x+8)$ ❶ **c)** $5x(y+5)$ ❶ **d)** $x(-8x-1)$ ❶
e) $\frac{1}{2}\left(x+\frac{1}{2}y\right)$ ❶ **f)** $8y(-6-2y-4x)$ ❶ **g)** $6x+12$ ❶ **h)** $35-42x$ ❶
i) $-6x+36$ ❶ **j)** $-2xy+12$ ❶ **k)** $xy-4$ ❶ **l)** $-\frac{1}{4}y^2-5xy$ ❶

7 a) $6x-9=\mathbf{3}(2x-\mathbf{3})$ ❶ **b)** $25+\mathbf{50x}=5(\mathbf{5}+10x)$ ❶ **c)** $\mathbf{28x}-17x^2=\mathbf{x}(28-17x)$ ❶
d) $18xy+15x+9x^2=\mathbf{3x}(\mathbf{6y}+5+\mathbf{3x})$ ❶ **e)** $2xy-5y^2+8y=\mathbf{y}(2x-\mathbf{5y}+\mathbf{8})$ ❶

8 a) $x^2+8x+15$ ❶ **b)** $24y+48-4xy-8x$ ❶ **c)** $-5x+2x^2-12$ ❶ **c)** $\frac{3}{2}xy-2x-18y+24$ ❶
e) $8x^2-12xy+18x+21y-56$ ❶ **f)** $-18xy+12x^2+40x-15y+25$ ❶

9 a) $x^2+18x+81$ ❶ **b)** $4x^2+20x+25$ ❶ **c)** $36x^2-24xy+4y^2$ ❶ **d)** $(2x-4)^2$ ❶
e) $81-64x^2$ ❶ **f)** $\frac{1}{4}x^2-20x+400$ ❶ **g)** $(6+9y)^2$ ❶ **h)** $(12-2x)(12+2x)$ ❶
i) $(4x-7)^2$ ❶ **j)** $(4x-1)^2$ ❶ **k)** $\left(6-\frac{1}{2}x\right)^2$ ❶ **k)** $(11x-y)(11x+y)$ ❶

Gleichungen

Ausgangsdiagnose

Bemerkungen oder Lösungswege können teilweise nur beispielhaft sein, weil es verschiedene Möglichkeiten geben kann.

	Nr.	w	f	
68	1		×	$e + e + 3 = 17$
			×	$2x + 3x = 50$
		×		Text richtig in Gleichung umgeschrieben
		×		Text richtig in Gleichung umgeschrieben
			×	$x + 3x = 90$
	2	×		Text richtig in Gleichung umgeschrieben
			×	$2x + 2 = 3x$
			×	$x + x + 1 = 51$
			×	Auch die 5 muss verdoppelt werden. $2(x + 5) + 2x = 25$
		×		x steht für die Länge der Grundseite. Text richtig in Gleichung umgeschrieben
69	3		×	In der Umformung muss $10 - 2$ gerechnet werden, also $3x = 8$.
			×	Es wird durch -7 dividiert, also $x = -2$.
		×		Umformungen $\mid + 3a$ und $\mid + 15$
		×		Zusammenfassen und Umformungen $\mid - 3m$ und $\mid + 13$
			×	$\frac{1}{10}x = -\frac{5}{8} \mid \cdot 10$; $x = -\frac{25}{4}$; $x = -6\frac{1}{4}$
	4	×		5 erfüllt die Gleichung
			×	$-8y = 16$
		×		x^2 ist auf beiden Seiten gleich, kann also weggelassen werden.
			×	x^2 kann also weggelassen werden, aber Rechenfehler: $-8x + 16 = -2x - 3$
	5	×		Von 20 cm wird a subtrahiert, das Ergebnis halbiert, weil b doppelt vorkommt.
			×	Von a bleibt nur die Hälfte als Seite des Teildreiecks, also $u = \frac{1}{2}a + b + a$.
		×		Aus $V = a^2 \cdot h$ ergibt sich diese Formel.

Förderangebot

70 **1 a)** mögliche Fragen: Wie alt ist Irina / Irinas Bruder?
zwei Möglichkeiten, die Variable x festzulegen:
- x steht für das Alter des Bruders; Gleichung $x + x + 2 = 20$
- x steht für Inas Alter; Gleichung $x + x - 2 = 20$

b) mögliche Fragen: Wie viele Mitglieder hat die Gruppe 1 / Gruppe 2?
zwei Möglichkeiten, die Variable x festzulegen:
- x steht für die Anzahl der Mitglieder in der Gruppe 1; Gleichung $x + x + 4 = 54$
- x steht für die Anzahl der Mitglieder in der Gruppe 2; Gleichung $x + x - 4 = 54$

c) mögliche Frage: Wie viele Punkte hat Tom erreicht?
Variable x steht für die Gesamtpunktzahl; Gleichung $\frac{2}{3}x = 22$

d) mögliche Fragen: Wie viele Tore haben die Stürmer / die anderen Spieler geschossen?
zwei Möglichkeiten, die Variable x festzulegen:
- x steht für die Anzahl der Stürmertore; Gleichung $x + x - 26 = 70$
- x steht für die Anzahl der Tore der anderen Spieler; Gleichung $x + x + 26 = 70$

e) mögliche Fragen: Wie viel Taschengeld bekommt Ina / Eva / Jan?
drei Möglichkeiten, die Variable x festzulegen:
- x steht für Inas Taschengeld; Gleichung $x + \frac{1}{2}x + \frac{1}{3}x = 28$
- x steht für Evas Taschengeld; Gleichung $2x + x + \frac{2}{3}x = 28$
- x steht für Jans Taschengeld; Gleichung $3x + \frac{3}{2}x + x = 28$

f) mögliche Fragen: Wie viele Tore haben die Gewinner / die Verlierer geworfen?
zwei Möglichkeiten, die Variable x festzulegen:
- x steht für die Toranzahl der Gewinner; Gleichung $x + x - 3 = 35$
- x steht für die Toranzahl der Verlierer; Gleichung $x + x + 3 = 35$

70 **2** **a)** $x + 3 = 2x - 2$; $x = 5$ **b)** $4x = x + 12$; $x = 4$ **c)** $\frac{1}{3}x + 6 = \frac{2}{3}x$; $x = 18$
d) $33 - x = \frac{1}{2}x$; $x = 22$ **e)** $5x - 7 = x + 17$; $x = 6$

71 **3** **a)** z.B.: $a + 0{,}5a = 54 : 2$ oder $2b + b = 54 : 2$; $a = 18$ [cm]; $b = 9$ [cm]
b) z.B.: $a + a + 2 + a + 2 = 22$; $a = 6$ [cm]; $b = c = 8$ [cm]
c) z.B.: $a + 2a + a + 4 = 52$; $a = 12$ [cm]; $b = 24$ [cm]; $c = 16$ [cm]
d) z.B.: $a + a - 5 = 50 : 2$; $a = 15$ [cm]; $b = 10$ [cm]

4 Angabe der Äquivalenzumformungen hier nacheinander, dann die Lösung
a) $+4$; $:7$; $x = 3$ **b)** $+11$; $:(-3)$; $x = 11$ **c)** -9; $\cdot 2$; $x = 24$
d) $+5$; $\cdot\frac{4}{3}$; $x = 8$ **e)** $-x$; -16; 5; $x = 1$ **f)** $-7x$; $+10$; $:(-11)$; $x = 4$
g) -2; $-\frac{1}{2}x$; $\cdot 2$; $x = 12$ **h)** $+2x$; -6; $\cdot\frac{4}{11}$; $x = -2$

5 Äquivalenzumformungen können unterschiedlich erfolgen.
a) $x = 4$ **b)** $x = -32$ **c)** $x = -6$ **d)** $x = 1{,}5$ **e)** $x = 10$ **f)** $x = 40$ **g)** $x = 4$ **h)** $x = 30$

72 **6** Äquivalenzumformungen können unterschiedlich erfolgen.
a) $x = 5$ **b)** $x = -5$ **c)** $x = 0$ **d)** $x = 1$ **e)** $x = 4$ **f)** $x = -1$

7 $G = \frac{W}{p\%}$
$p\% = \frac{W}{G}$

G	500 €	**400 €**	1250 kg	400 m	**2200 €**	**60 l**
W	15 €	36 €	50 kg	240 m	1870 €	13,2 l
$p\%$	**3%**	9%	**4%**	**60%**	85%	22%

8 $A = \boldsymbol{a\,(b + c)}$
$a = \frac{A}{b+c}$; $b = \frac{A - ac}{a}$; $c = \frac{A - ab}{a}$

A	20 cm²	40 cm²	108 m²	95 cm²	24 cm²	81 cm²
a	**2,5 cm**	4 cm	**4 m**	5 cm	3 cm	1 cm
b	5 cm	**7 cm**	13 m	1 dm	2 cm	**41 cm**
c	3 cm	3 cm	14 m	**9 cm**	**6 cm**	4 dm

9 **a)** $V = ab^2$; $a = \frac{V}{b^2}$; $k = 4a + 8b$; $a = \frac{k - 8b}{4}$; $O = 2b^2 + 4ab$; $a = \frac{O - 2b^2}{4b}$
b) $V = 2ab^2$; $a = \frac{V}{2b^2}$; $k = 4a + 12b$; $a = \frac{k - 12b}{4}$; $O = 6ab + 4b^2$; $a = \frac{O - 4b^2}{6b}$

73 **10** verschiedene Möglichkeiten der Lösung mit Gleichungen
Schlafdauer der Freundinnen: Anna 7 h; Beate 6 h; Christine 3 h; Diana 10 h; Elke 12 h

11 10 g (x + 20 g = 30 g); 20 g (x = 20 g); 30 g (x = 30 g); 40 g (x + 30 g = 20 g + 50 g); 50 g (x = 50 g); 60 g (x + 20 g = 30 g + 50 g); 70 g (x = 20 g + 50 g); 80 g (x = 30 g + 50 g); 100 g (x = 20 g + 30 g + 50 g)

12

Bitrate in kBit/s	128	160	192
Gesamtspieldauer in h	75	60	50

Nachdiagnose

74 **1** **a)** zwei Möglichkeiten: • Gleichung $x + 2x = 21x$ Variable steht für Annikas Alter ❷
• Gleichung $x + \frac{1}{2}x = 21$ Variable steht für das Alter des Bruders
b) Gleichung $x + 6 = 20$ Variable steht für das momentane Taschengeld ❷
c) zwei Möglichkeiten: • Gleichung $3x + 4x = 560$ Variable steht für die Anzahl der Erwachsenen ❷
• Gleichung $3 \cdot \frac{1}{4}x + x = 560$ Variable steht für die Anzahl der Schüler
d) Gleichung $x - 4 + x + 2x - 2 = 30$ Variable steht für Nicolas Alter ❷
e) Gleichung $3x + 2\,(x + 2) = 24$ Variable steht für den Eintrittspreis der Kinder ❷

2 **a)** $2x - 5 = 13$; $x = 9$ ❷ **b)** $4x - 17 - 5 = 2x$; $x = 11$ ❷ **c)** $x + x + 1 = 3x$; $x = 1$ ❷

3 **a)** z.B.: $2 \cdot 3a + 2 \cdot 2a = 96$; $a = 12$ [cm]; $b = 36$ [cm] ❷
b) z.B.: $2b + b - 3 = 27$; $a = 7$ [cm]; $b = 10$ [cm] ❷

75 **4** $2x + 4 = 12$ $2x = -6$ $5x = 15$ $2x = 10$ je ❶
$2x = 8$; $x = 4$ $2x - 6 = 4x$; $x = -3$ $-4x + 6 = x - 9$; $x = 3$ $9x - 13 = -3 + 7x$; $x = 5$

75 **5** **a)** $3(x+4) = 12 \mid :3$
$x + 4 = 4 \quad \mid -4$
$x = 0$ ❶

b) $6(8-x) = -6x \mid :(-6)$
$8 - x = x \quad \mid +x$
$8 = 2x \quad \mid :2$
$x = 4$ ❶

c) $(2x-3)(x+2) = 2x^2$
$2x^2 + x - 6 = 2x^2 \mid -2x^2$
$x - 6 = 0 \quad \mid +6$
$x = 6$ ❶

d) $(x+2)^2 = x^2 + 40$
$x^2 + 4x + 4 = x^2 + 40 \mid -x^2$
$4x + 4 = 40 \quad \mid :4$
$x + 1 = 10 \quad \mid -1$
$x = 9$ ❶

6 $u = \boldsymbol{a + 2b}$; $a = \boldsymbol{-2b}$; $b = \frac{\boldsymbol{u-a}}{\boldsymbol{2}}$

u	24 cm	38 cm	127 cm	83 cm	17 cm
a	6 cm	14 cm	**95 cm**	**45 cm**	8 cm
b	**9 cm**	**12 cm**	16 cm	19 cm	**4,5 cm**

je ❶

9 **a)** falsch; richtig ist $g = \frac{2A}{h}$ ❶ **b)** falsch; richtig ist $g = \frac{2A}{g}$ ❶

Etwas andere Aufgaben

76 **Termrennen – Ein Spiel für 2 bis 4 Personen**
individuell verschiedener Spielablauf

77 **Domino**
Da es jeweils mehrere Dominokarten mit gleichen Werten für x gibt, kann es individuell verschiedene Möglichkeiten des Zusammenlegens der Kärtchen geben, sodass keine eindeutige Lösungsmöglichkeit genannt werden kann.
Die für die Seite im Diagnoseheft einfachste Möglichkeit, die Abfolge der Kärtchen zu nennen, ist die Reihenfolge von links nach rechts und umlaufend in den Zeilen nach unten. Die Karte unten rechts „trifft dann auf" die Karte links oben.

Gesamtdiagnose

78 **1** **a)** Term ⑬ ❶ **b)** Term ⑭ ❶ **c)** Term ⑤ ❶ **d)** Term ⑥ ❶ **e)** Term ③ ❶
f) Term ⑧ ❶ **g)** Term ⑫ ❶ **h)** Term ⑨ ❶ **i)** Term ② ❶ **j)** Term ① ❶
k) Term ⑪ ❶ **l)** Term ⑦ ❶

2

	Term	x steht für …	der Term steht für …	
a)	$x + 15$	Anzahl der Tore in der Vorsaison	Anzahl der Tore in der aktuellen Saison	❷
b)	$\frac{1}{2}x + 9$	Gesamtpunktzahl	Punktzahl von August	❷
c)	$x - 5$	Gesamtzahl der Stimmen	Anzahl der Stimmen für Frank	❷
d)	$3x + 2$	Miras Alter	Alter des Vaters	❷

3 **a)** ① 12; ② 36; ③ 56; ④ 16; ⑤ −1; ⑥ 14; ⑦ 24 je ❶
b) ⑧ −6; ⑨ $\frac{3}{15}$; ⑨ 30; ⑪ 24; ⑫ $\frac{5}{3}$; ⑬ −18; ⑭ −12 je ❶

79 **4** **a)**

	20x + 25		
	8x + 14	**12x + 11**	
2x + 7	**6x + 7**	**6x + 4**	
2x	7	6x	4

b)

	−192x²		
	−24x	**8x**	
6x	**−4**	**−2x**	
3x	2	−2	x

c)

	26x		
	17x + 7 ⊖	**9x + 7**	
14x ⊕	**3x + 7** ⊖	**−6x**	
2x ⊙	7 ⊕	3x ⊖	9x

je Term ❶

5 **a)** z.B. $x(24x-6)$; $6x(4x-1)$ ❶ **b)** z.B. $x(42x-84)$; $42x(x-2)$ ❶
c) $2(x-7+3y)$ ❶ **d)** $3(5x+3-2x^2)$ ❶ **e)** $x(a+1)$ ❶ **f)** $4(x^2-a+12)$ ❶

6 **a)** richtig ❶ **b)** falsch; $-42x + 63$ ❶ **c)** falsch; $-32 + 20x$ ❶
d) richtig ❶ **e)** falsch; z.B. $-19x(2x-1)$ ❶ **f)** falsch; z.B. $-4(11x+2xy)$ ❶
$-4x(11+2y)$

7 **a)** $24x^2 - 5x - 14$ ❶ **b)** $8 + 32y + 2x + 8xy$ ❶ **c)** $-2xy + 4x - 8y + 16$ ❶
d) $9x^2 - 4$ ❶ **e)** $x^2 + 8x + 16$ ❶ **f)** $64x^2 - 16xy + y^2$ ❶

79 **8 a)** $(9x+2)^2$ ❶ **b)** keine Umwandlung möglich ❶ **c)** $(9-x)^2$ ❶

80 **9 a)** ⑥ ❶ **b)** ③ ❶ **c)** ⑤ ❶ **d)** ① ❶ **e)** ④ ❶ **f)** ② ❶

10 a) $x = 13$; x steht für Majas Alter. ❷ **b)** $x = 9$; x steht für die Länge eines Schenkels. ❷
c) $x = 6$; x steht für die Anzahl der Siege. ❷

11 z.B. $1{,}99x + 3{,}49y + 3{,}3\,(x+y) = K$; $(1{,}99+3{,}3)\,x + (3{,}49+3{,}3)\,y = K$ ❷

12 ① f; ② f; ③ f; ④ w; ⑤ f; ⑥ w je ❶

Gebrochene Zahlen und ihre Gegenzahlen werden rationale Zahlen genannt.

Wie bilde ich die Gegenzahl einer Zahl?

Ich subtrahiere eine rationale Zahl, indem ich ihre Gegenzahl addiere.

Was sind ganze Zahlen?

Wie multipliziere ich negative Zahlen miteinander?

Rationale Zahlen

Punktrechnung geht vor Strichrechnung.

Wie kann ich Rechengesetze beim Rechnen sinnvoll anwenden?

Zum sicheren Nutzen des Taschenrechners gehört auch, die Rechnung mit einem Überschlag zu prüfen.

Diese Inhaltsübersicht soll dir helfen, schnell zu erfassen, welche Zusammenhänge und Begriffe mit dem Thema verbunden sind. Du kannst und solltest die Übersicht auch nach deinen eigenen Vorstellungen erweitern bzw. ergänzen, sodass sie dir auch bei der Bearbeitung der Aufgaben nützlich sein kann.

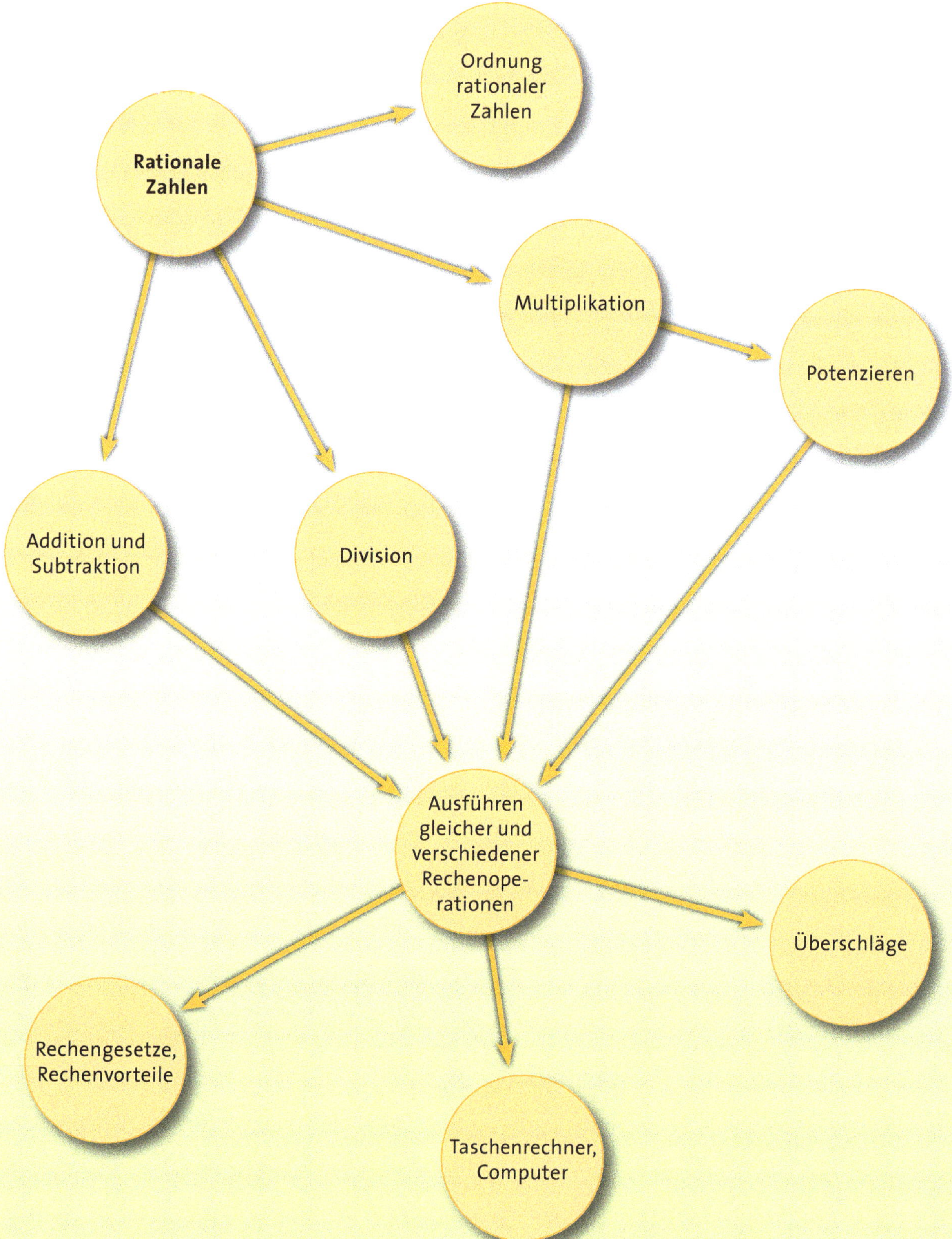

Inhalt | **Beispiel**

Die Gegenzahl von a ist $-a$. Die Zahlen a und $-a$ liegen auf der Zahlengeraden symmetrisch zur Null.

5 ist die Gegenzahl von -5; $-1{,}5$ ist die Gegenzahl von 1,5.

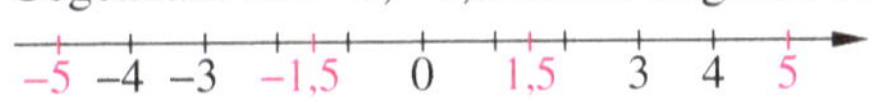

Natürliche Zahlen und ihre Gegenzahlen bilden zusammen die ganzen Zahlen.
Bruchzahlen und ihre Gegenzahlen bilden zusammen die rationalen Zahlen.

2 und -3 sind ganze Zahlen, aber auch rationale Zahlen.

8,6 und $\frac{3}{4}$ sind Bruchzahlen aber auch rationale Zahlen.

$-\frac{1}{3}$ und $-14{,}6$ sind rationale Zahlen.

Von zwei verschiedenen rationalen Zahlen ist diejenige die kleinere, die auf der Zahlengeraden weiter links liegt.

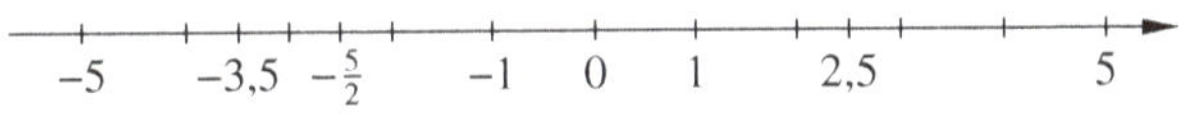

$-5 < -1$; $\quad 2{,}5 < 5$; $\quad 0 > -3{,}5$; $\quad -3{,}5 > -5$

Für den Betrag einer rationalen Zahl (Schreibform: $|a|$) gilt:
$|a| = a$ für $a > 0$; $\quad |a| = -a$ für $a < 0$; $\quad |0| = 0$

$|2{,}7| = 2{,}7$
$|-11{,}2| = 11{,}2$

Die Addition rationaler Zahlen kann an einer Zahlengeraden veranschaulicht werden.

$-1 + 5 = 4$

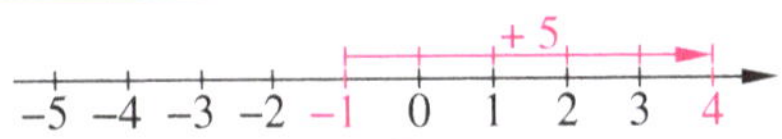

$3 + (-7) = -4$

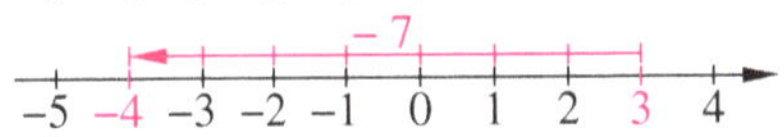

$-2 + (-3) = -5$

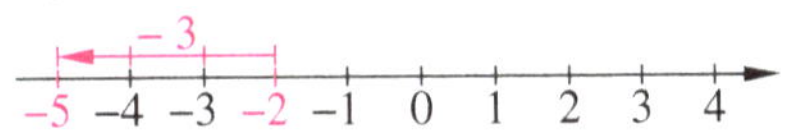

Die Subtraktion rationaler Zahlen kann stets auf die Addition der Gegenzahl zurückgeführt werden.

$6 - 8 = 6 + (-8) = -2$ $\qquad -6 - 8 = -6 + (-8) = -14$
$-6 - (-2) = -6 + 2 = -4$

Beim Multiplizieren und Dividieren von je zwei positiven oder negativen rationalen Zahlen ist das Ergebnis stets positiv. In allen anderen Fällen ist das Ergebnis negativ (oder Null). Durch Null darf man nicht dividieren.

$3{,}2 \cdot 8 = 25{,}6$; $\qquad -3{,}2 \cdot (-8) = 25{,}6$
$3{,}2 : 8 = 0{,}4$; $\qquad -3{,}2 : (-8) = 0{,}4$
$-3{,}2 \cdot 8 = -25{,}6$; $\qquad 3{,}2 \cdot (-8) = -25{,}6$
$-3{,}2 : 8 = -0{,}4$; $\qquad 3{,}2 : (-8) = -0{,}4$

Auch beim Rechnen mit rationalen Zahlen können die bekannten Rechengesetze Rechenvorteile ermöglichen.

	Addition	Multiplikation
Kommutativgesetz	$a + b = b + a$	$a \cdot b = b \cdot a$
Assoziativgesetz	$(a + b) + c = a + (b + c)$	$(a \cdot b) \cdot c = a \cdot (b \cdot c)$
Distributivgesetz	$a \cdot (b + c) = ab + ac$	

$-3{,}2 + \frac{1}{2} = \frac{1}{2} + (-3{,}2)$ $\qquad 2 \cdot (-0{,}5) = -0{,}5 \cdot 2$

$(-5 + 7) + 3 = -5 + (7 + 3)$ $\qquad (-0{,}7 \cdot 2) \cdot 4 = -0{,}7 \cdot (2 \cdot 4)$

$6 \cdot \left(-4 + \frac{1}{4}\right) = 6 \cdot (-4) + 6 \cdot \frac{1}{4}$

Aus der Erweiterung des Zahlenstrahls zur Zahlengeraden kann auch das Koordinatensystem in „negative Bereiche“ erweitert werden.
Dadurch entstehen vier Quadranten.

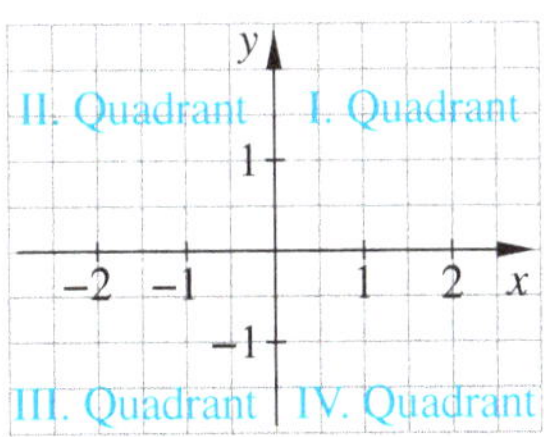

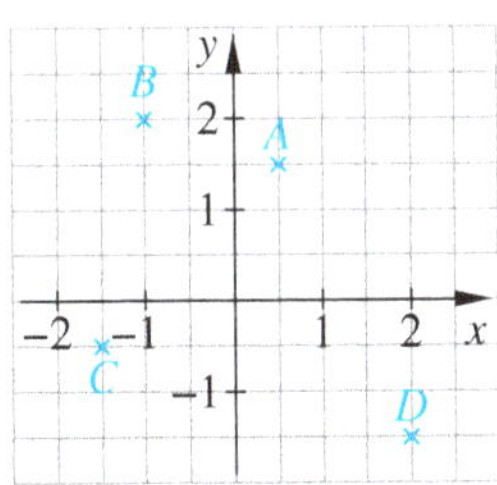

$A\,(0{,}5\,|\,1{,}5)$
$B\,(-1\,|\,2)$
$C\,(-1{,}5\,|\,-0{,}5)$
$D\,(2\,|\,-1{,}5)$

Vorwissen

Aufgabe	w	f	Bemerkungen oder richtige Lösungen	Richtig gelöst? ✓
1 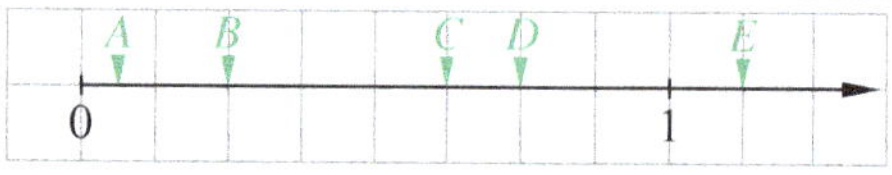				
B ist die Zahl 0,25 zugeordnet.				
C ist die Zahl $\frac{5}{8}$ zugeordnet.				
D ist die Zahl 0,6 zugeordnet.				
E ist die Zahl 1,125 zugeordnet.				
Der Punkt, dem die Zahl $1\frac{1}{4}$ zugeordnet ist, liegt links von *E*.				
Zwischen den Punkten *A* und *B* liegt ein Punkt, dem die Zahl 0,3 zugeordnet ist.				

Zahlenstrahl

S. 10, Nr. 1, 2, 3 ←

geübt?

Aufgabe	w	f	Bemerkungen oder richtige Lösungen	Richtig gelöst? ✓
2 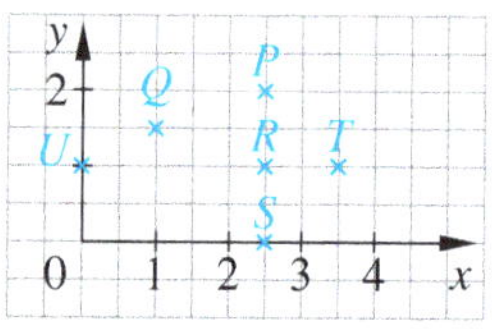				
Q hat die Koordinaten (1 | 1,5).				
P hat die Koordinaten (2,5 | 1,5).				
P und *S* haben die gleiche *y*-Koordinate.				
Der Abstand zwischen *U* und *R* beträgt 2,5 Längeneinheiten.				
Rechts vom Punkt *S* liegt ein Punkt mit den Koordinaten (1,5 | 0).				

Koordinatensystem

S. 10, Nr. 4 ←

geübt?

Aufgabe	w	f	Bemerkungen oder richtige Lösungen	Richtig gelöst? ✓
3 $\frac{2}{3} < 0{,}9$				
$\frac{234}{100} = 0{,}234$				
$0{,}7 > \frac{70}{100}$				
Die Zahlen sind der Größe nach geordnet: $0{,}1;\ \frac{1}{5};\ 0{,}5;\ \frac{1}{3};\ 0{,}8;\ \frac{3}{4};\ 1{,}2;\ 1\frac{1}{8}$				

Zahlen vergleichen und ordnen

S. 10, Nr. 5, 6, 7, 8, 9 ←

geübt?

AUSGANGSDIAGNOSE

	Aufgabe	w	f	Bemerkungen oder richtige Lösungen	Richtig gelöst? ✓
4	624 + 278 = 892				
	Die Summe der Zahlen 532 und 389 ergibt 921.				
	616 – 17 = 609				
	Vermindert man 678 um 499, so erhält man 179.				
	$648 \cdot 3 = 1824$				
	2763 : 9 = 37				
	Wenn man 1356 durch 12 dividiert, erhält man 113.				
	36 – 8 : 4 = 7				
	$27 + 3 \cdot 3 = 36$				

Mit natürlichen Zahlen rechnen — S. 11, Nr. 10, 11, 12 ← geübt?

	Aufgabe	w	f	Bemerkungen oder richtige Lösungen	Richtig gelöst? ✓
5	$\frac{3}{4} + \frac{1}{2} = \frac{4}{6}$				
	0,75 + 0,5 = 1,25				
	$\frac{5}{6} - \frac{1}{3} = \frac{1}{2}$				
	Subtrahiert man von 27,2 die Zahl 1,9, erhält man 26,3.				
	$\frac{2}{5} \cdot \frac{2}{3} = \frac{4}{15}$				
	124 : 0,2 = 62				
	$\frac{1}{2} : \frac{1}{4} = 2$				

Mit Bruchzahlen rechnen — S. 11, Nr. 13, 14, 15 ← geübt?

	Aufgabe	w	f	Bemerkungen oder richtige Lösungen	Richtig gelöst? ✓
6	Für das Klassenfest entstanden diese Ausgaben: 8 € für Girlanden, 47,75 € für Kuchen und Getränke. Wenn jedes der 25 Kinder gleich viel bezahlen soll, muss jedes 1,95 € bezahlen.				
	Ein Zimmer ist $4\frac{1}{2}$ m lang und $3\frac{3}{4}$ m breit. Also hat es eine Grundfläche von $12\frac{3}{8}$ m^2.				

Sachaufgaben — S. 11 Nr. 16, 17 ← geübt?

Vorwissen

Basisaufgaben

Zahlenstrahl

1 Markiere die Zahlen 0,5; $\frac{1}{10}$; 0,8; $\frac{2}{8}$; $\frac{6}{5}$; $1\frac{1}{2}$ auf jedem der zwei Zahlenstrahlen.

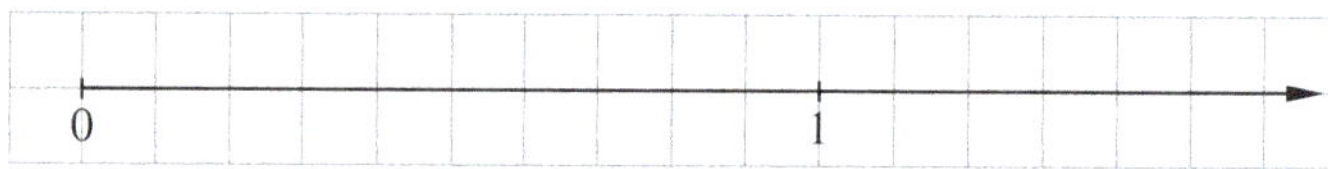

2 Gib an, welche Zahlen jeweils markiert sind.

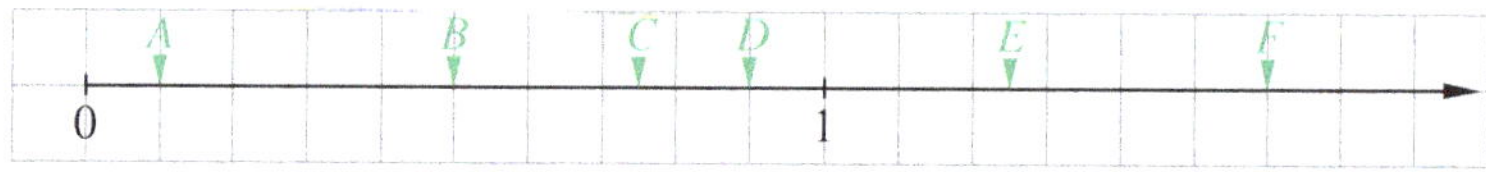

A: ______ *B*: ______ *C*: ______ *D*: ______ *E*: ______ *F*: ______

3 Wahr (w) oder falsch (f)?

Auf dem Zahlenstrahl liegt **a)** 1,2 rechts von 1,3 ___ **b)** 0,6 rechts von 0,66 ___ **c)** 1,29 zwischen 1,2 und 1,3 ___

Koordinatensystem

4 Im Koordinatensystem sind vier Punkte markiert.

a) Gib die Punkte mit ihren Koordinaten an.

____

b) Markiere die Punkte $E(2{,}5|3)$, $F(0{,}5|4)$, $G(1{,}5|1)$ und $H(3|0{,}5)$ im Koordinatensystem. Welche der Punkte *A* bis *H* sind Eckpunkte eines Drachenvierecks?

____

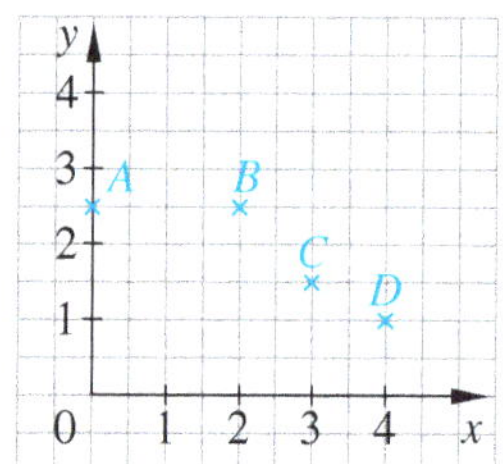

Zahlen vergleichen und ordnen

5 Setze <, > oder = richtig ein.

a) 3,7 ☐ 0,99 **b)** 0,25 ☐ $\frac{5}{8}$ **c)** 2,7 ☐ $2\frac{2}{3}$ **d)** $\frac{5}{4}$ ☐ $\frac{4}{5}$ **e)** $\frac{1}{3}$ ☐ $0,\overline{3}$

6 Ersetze die Leerstelle durch eine Ziffer so, dass eine wahre Aussage entsteht.

a) 13,☐4 < 13,14 **b)** $0{,}125 = \frac{1}{\square}$ **c)** $\frac{6}{5} > 1,\square$ **d)** $\frac{\square}{6} = 0,\overline{3}$ **e)** $\frac{1}{6} > \frac{\square}{6}$ **f)** $\frac{2}{\square} = \frac{6}{15}$

7 Ordne die Zahlen. Beginne mit der kleinsten Zahl.

a) 0,1; 0,001; 1,0; 0,01 **b)** $\frac{5}{6}$; $\frac{3}{4}$; $\frac{4}{5}$; $\frac{2}{3}$ **c)** 0,9; $\frac{1}{5}$; $\frac{2}{3}$; 0,25 **d)** $\frac{4}{5}$; $\frac{1}{2}$; $\frac{3}{4}$; $\frac{2}{3}$

______ ______ ______ ______

8 Wahr (w) oder falsch (f)?

a) $\frac{16}{40}$ liegt zwischen $\frac{4}{10}$ und $\frac{5}{10}$. ___ **b)** 0,41 liegt zwischen 0,4 und 0,5. ___

9 Welche natürlichen Zahlen liegen zwischen den zwei angegebenen Zahlen?

a) 0 und 2,98 **b)** $\frac{3}{4}$ und 3,75 **c)** $\frac{11}{10}$ und 1,9 **d)** $\frac{7}{6}$ und $\frac{13}{2}$

______ ______ ______ ______

Mit natürlichen Zahlen rechnen

10 Ergänze so, dass eine wahre Aussage entsteht.

a) $191 + \_\_\_ = 222$ b) $\_\_\_ + 78 = 307$ c) $256 - \_\_\_ = 64$ d) $\_\_\_ + 178 = 429$

e) $243 \cdot \_\_\_ = 1215$ f) $\_\_\_ \cdot 9 = 135$ g) $990 : \_\_\_ = 110$ h) $\_\_\_ : 42 = 5$

i) $56 - 6 \cdot \_\_\_ = 14$ j) $21 : 7 + 12 \cdot \_\_\_ = 3$ k) $44 : \_\_\_ + 4 = 15$ l) $\_\_\_ - 7 \cdot 8 = 0$

11 Überprüfe. Korrigiere, falls erforderlich.

a) $18 + 17 < 25$ b) $54 - 27 > 3 \cdot 9$ c) $80 : 8 > 100 : (8 + 12)$ d) $32 : 16 + 2 > 120 : (10 \cdot 2)$

12 Welche Zahl erhält man?

a) Summe der Zahlen 17 und 44 ___ b) 1212 dividiert durch 6 ___

c) Produkt aus 12 und 9 ___ d) 712 vermindert um 43 ___

Mit Bruchzahlen rechnen

13 Berechne.

a) $\frac{3}{4} + 1{,}5 =$ ___ b) $\frac{3}{8} + \frac{1}{4} =$ ___ c) $\frac{3}{4} - \frac{1}{6} =$ ___ d) $9{,}7 - 0{,}07 =$ ___

e) $\frac{2}{3} \cdot \frac{3}{4} =$ ___ f) $2{,}5 \cdot 1{,}1 =$ ___ g) $1{,}2 : \frac{6}{10} =$ ___ h) $\frac{3}{4} : 0{,}5 =$ ___

14 Ergänze so, dass eine wahre Aussage entsteht.

a) $1\frac{3}{4} + \frac{1}{4} = \frac{3}{4} + \_\_\_ + 0{,}25$ b) $\frac{5}{6} : \frac{3}{4} = \_\_\_$ c) $2 - \frac{1}{2} = \frac{3}{4} + \_\_\_$ d) $\frac{2}{3} \cdot \frac{1}{6} = \frac{1}{3} \cdot \_\_\_$

15 Kreuze an, welcher Term einem Viertel von a entspricht.

☐ $\frac{1}{4} \cdot a$; ☐ $a - \frac{1}{4}$; ☐ $0{,}25a$; ☐ $a : \frac{1}{4}$; ☐ $\frac{a}{4}$; ☐ $\frac{1}{4}a$; ☐ $a - \frac{3}{4}a$

Sachaufgaben

16 Bei einer Modelleisenbahn benötigt der IC auf dem großen Außenring für eine Runde 12,5 s und der Regionalzug auf dem Innenring 7,5 s. Beide Züge starten gleichzeitig am Bahnhof. Nach wie vielen Sekunden durchfahren beide Züge bei gleicher Startzeit wieder gleichzeitig den Bahnhof?

Nach ___ s fahren sie gleichzeitig durch den Bahnhof.

17 Klaus, Ines und Tanja helfen ihrer Tante beim Umzug. Tanja hilft von 8:00 Uhr bis 11:30 Uhr. Klaus kann nur $1\frac{1}{2}$ Stunden beim Umzug helfen und Ines kommt 8:30 Uhr und geht gemeinsam mit Tanja. Die Tante gibt Tanja 40 €. Tanja verteilt das Geld gerecht unter den drei Helfern. Wie viel Geld bekommt jeder?

Tanja ___ €; Klaus ___ €; Ines ___ €

Vorwissen

Kreuze gleich nach der Fertigstellung der Aufgabe an, wie du mit der Lösung der Aufgabe zurechtgekommen bist. Trage später nach dem Vergleich mit den Lösungen ein, wie viele Aufgaben du richtig gelöst hast.

1 Gegeben ist der Zahlenstrahl.

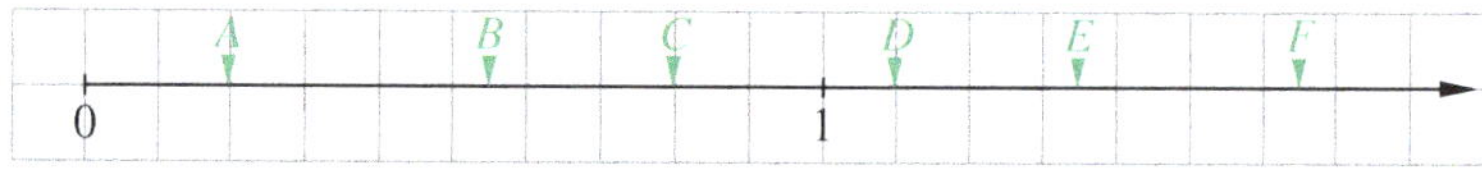

a) Es sind die Zahlen A: ______, B: ______, C: ______, D: ______, E: ______, und F: ______ markiert.

b) Markiere die Zahlen 0,1; 0,25; $\frac{3}{5}$; 1,6 und $1\frac{3}{4}$ auf dem gegebenen Zahlenstrahl.

c) Welche Zahl liegt auf dem Zahlenstrahl genau in der Mitte zwischen den zwei angegebenen Zahlen?

① 0,5 und $1\frac{1}{2}$ ______ ② 1,7 und 1,9 ______ ③ 0 und $\frac{1}{2}$ ______ ④ $\frac{3}{10}$ und $\frac{4}{5}$ ______

Zahlenstrahl

2 Gegeben ist ein Koordinatensystem.

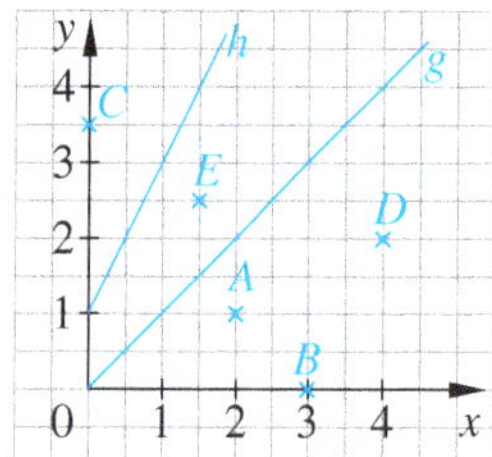

a) Gib die markierten Punkte mit ihren Koordinaten an.

______

b) Markiere die Punkte $F\left(1\middle|\frac{1}{2}\right)$, $G\,(2|4)$, $H\,(4{,}5|1{,}5)$, $I\,(3|4)$ und $K\,(0|2{,}5)$ im Koordinatensystem.

c) Kreuze an, welcher Punkt auf h liegt. ☐ $P_1\,(1|0)$; ☐ $P_2\,(0|1)$; ☐ $P_3\,(1|2)$; ☐ $P_4\,(1|3)$; ☐ $P_5\,(0{,}5|2)$

d) Gib drei Punkte mit ihren Koordinaten an, die auf g liegen. Was stellst du fest?

______

Koordinatensystem

3 Wahr (w) oder falsch (f)?

a) $7{,}8 < 7\frac{3}{4}$ ___ **b)** $\frac{1}{3} = 0{,}3$ ___ **c)** $0{,}05 < 0{,}1$ ___ **d)** $\frac{2}{3} < \frac{3}{4}$ ___ **e)** $0{,}66 < 0{,}\overline{6}$ ___ **f)** $0{,}\overline{3} = \frac{1}{3}$ ___

Zahlen vergleichen und ordnen

4 Setze <, > oder = richtig ein.

a) $\frac{5}{6}$ ☐ 0,7 **b)** $\frac{2}{3}$ ☐ $\frac{14}{21}$ **c)** $\frac{0}{8}$ ☐ $\frac{3}{7}$ **d)** 0,033 ☐ $\frac{1}{3}$ **e)** 0,1 ☐ $\frac{1}{10}$ **f)** 0,07 ☐ 0,11

Zahlen vergleichen und ordnen

5 Ordne der Größe nach, beginne mit der größten Zahl.

a) $\frac{1}{3}$; 1,7; $2\frac{1}{2}$; 0,4 ______ **b)** $0{,}\overline{3}$; $\frac{3}{8}$; 0,66; $\frac{3}{6}$ ______

Zahlen vergleichen und ordnen

6 Korrigiere das Ergebnis, falls erforderlich.

a) $29 + 57 + 91 = 167$ ______ b) $243 \cdot 7 = 1401$ ______ c) $612 - 451 = 161$ ______

d) $1452 : 12 = 121$ ______ e) $2532 : 6 = 322$ ______ f) $2639 : 13 = 203$ ______

g) $143 : 11 + 2 = 15$ ______ h) $143 : (11 + 2) = 15$ ______ i) $72 : 9 - 8 = 0$ ______

j) Die Summe der Zahlen 234 und 193 ergibt 327. ______

k) Vermindert man 578 um 399, so erhält man 179. ______

l) Dividiert man 612 durch 3, so erhält man 24. ______

m) Das Produkt aus 8 und 9 vermindert um 9 ergibt 8. ______

Mit natürlichen Zahlen rechen

/13

7 Berechne.

a) $\frac{1}{4} + 0{,}5 =$ ______ b) $\frac{2}{3} + \frac{1}{4} =$ ______ c) $\frac{3}{4} \cdot \frac{1}{2} =$ ______ d) $0{,}7 \cdot 0{,}2 =$ ______

e) $\frac{2}{5} : \frac{3}{4} =$ ______ f) $2{,}2 : \frac{1}{3} - 0{,}6 =$ ______ g) $3{,}2 \cdot \left(0{,}5 + \frac{1}{2}\right) =$ ______ h) $\frac{1}{3} + \frac{1}{6} + 5 : 10 =$ ______

Mit Bruchzahlen rechnen

/8

8 Beantworte die Frage.

a) Die Familien Gros, Fröhlich und Klemm bezahlen unterschiedliche Mieten pro m^2. Bei Familie Gros ergibt das für die 63 m^2 große Wohnung 289,80 €, für 55 m^2 bei Familie Fröhlich 250,25 € und für 95 m^2 bei Familie Klemm 422,75 €. Welche Familie bezahlt pro m^2 den niedrigsten Preis?

Familie ______ hat den niedrigsten Preis pro m^2.

b) Wenn Markus sein Erspartes vervierfacht und davon 18 € subtrahiert, ergibt das 100 €. Wie viel hat Markus gespart?

Markus hat ______ € gespart.

Sachrechnen

/6

Solltest du bei Aufgaben noch weiteren Übungsbedarf haben, dann schau in der Ausgangsdiagnose nach, welches Angebot dir zu dem jeweiligen Thema zur Verfügung steht.

S. 8, 9 ←

Rationale Zahlen darstellen, vergleichen und ordnen

Zahlengerade zur Aufgabe 1:

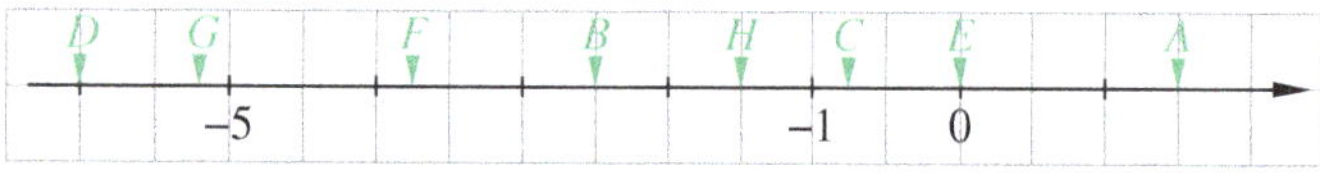

Koordinatensystem zur Aufgabe 2:

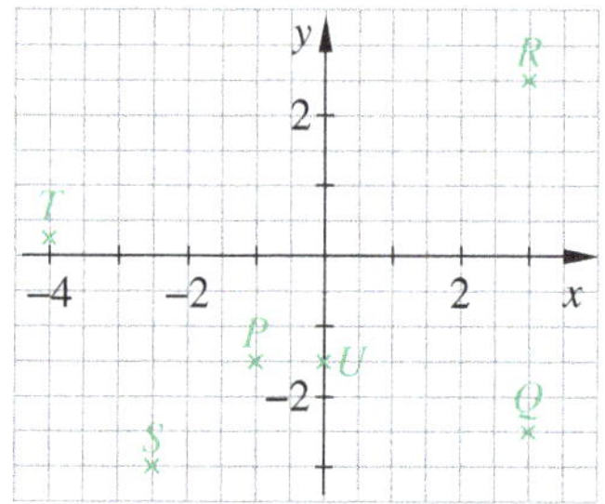

	Aufgabe	w	f	Bemerkungen oder richtige Lösungen	Richtig gelöst? ✓
1	Zum Punkt *G* gehört die Zahl –5,8.				
	Die Punkte *A* und *H* haben gleiche Abstände vom Punkt *E*.				
	Zum Punkt *F* gehört die Zahl $-\frac{375}{100}$.				
	Die Punkte *A* und *D* haben voneinander den Abstand 4,5.				
	Auf der Zahlengeraden liegt –1,5 in der Mitte zwischen –5 und 2.				
	Der Punkt *B* liegt auf der Zahlengeraden weiter rechts als der Punkt, der zu –2,5 gehört.				
	Zwischen den Punkten *C* und *H* liegt ein Punkt, dem die Zahl $-\frac{19}{10}$ zugeordnet ist.				geübt?
	Zahlengerade			S. 16, Nr. 1, 2, 3	←

	Aufgabe	w	f	Bemerkungen oder richtige Lösungen	Richtig gelöst? ✓
2	Der Punkt *P* hat die Koordinaten (–1 | –1,5).				
	Der Punkt *Q* liegt bezüglich der *y*-Achse symmetrisch zum Punkt *R*.				
	Der Punkt *S* liegt im II. Quadranten.				
	Der Punkt *T* hat die Koordinaten (–4 | 0,25).				
	Die Punkte *P* und *U* haben gleiche *x*-Koordinaten.				
	Es gibt einen markierten Punkt, dessen *y*-Koordinate kleiner als die des Punktes *S* ist.				
	Der Punkt *Q* und der Punkt *S* haben den gleichen Abstand von der *y*-Achse.				geübt?
	Koordinatensystem			www 014-1 — S. 16, Nr. 4; S. 17, Nr. 5	←

	Aufgabe	w	f	Bemerkungen oder richtige Lösungen	Richtig gelöst? ✓
3	Zur Zahl $\frac{2}{3}$ gehört die Gegenzahl $\frac{3}{2}$.				
	Zur Zahl $-1{,}7$ gehört die Gegenzahl 1,7.				
	Die Gegenzahl zu -3 ist $-(-3)$.				
	Die Zahlen a und $-a$ haben auf der Zahlengeraden den gleichen Abstand vom Punkt Null.				
	Wenn x eine negative rationale Zahl ist, dann ist $-x$ eine positive rationale Zahl.				
	Die Zahl 1,5 hat den Betrag $-1{,}5$.				
	Es gilt: $\lvert -3 \rvert = -3$				
	Gegenzahlen und Beträge rationaler Zahlen			S. 17, Nr. 6, 7, 8, 9 ←	geübt?
4	Die Zahlen sind der Größe nach geordnet: $-\frac{4}{5}$; $-0{,}25$; $-\frac{1}{2}$; 0; 0,3; $0{,}\overline{3}$; $\frac{11}{12}$				
	$-3 < -2{,}7$				
	$-\frac{4}{7} > \frac{3}{7}$				
	Zwischen $-1{,}1$ und $-1{,}2$ liegt keine weitere rationale Zahl.				
	Zwischen $-0{,}9$ und $-0{,}8$ liegt $-0{,}89$.				
	Rationale Zahlen vergleichen und ordnen			S. 17, Nr. 10, 11; S. 18, Nr. 12, 13, 14, 15, 16 ←	geübt?
5	$-\frac{3}{4}$ ist eine rationale Zahl.				
	2 ist eine ganze Zahl.				
	-2 ist eine natürliche Zahl.				
	$-11\frac{1}{3}$ ist eine Bruchzahl.				
	Zahlenbereiche			S. 18, Nr. 17 ←	geübt?

Hast du alles richtig gemacht bzw. hast du entsprechend geübt, solltest du auf jeden Fall auch komplexe Aufgaben lösen, bevor du dich dem nächsten Thema widmest.

S. 19, Nr. 18, 19 ← geübt?

Rationale Zahlen darstellen, vergleichen und ordnen

Basisaufgaben

Zahlengerade

1 Markiere die Punkte auf beiden Zahlengeraden. $A\ \frac{1}{4}$; $B\ -0{,}75$; $C\ -\frac{3}{2}$; $D\ -1\frac{3}{4}$; $E\ 2$; $F\ -\frac{10}{5}$; $G\ 1{,}5$

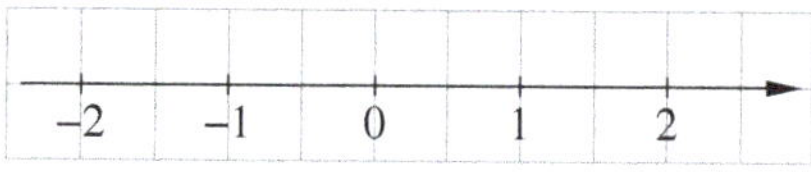

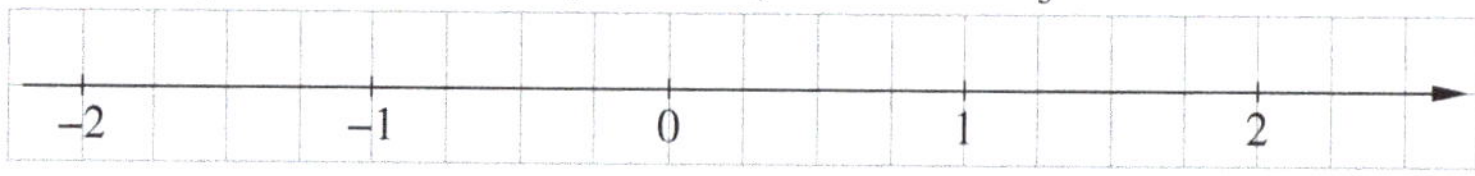

2 Ordne den Punkten jeweils die richtige Zahl zu. Gib an, welche Zahlen hier falsch markiert sind.

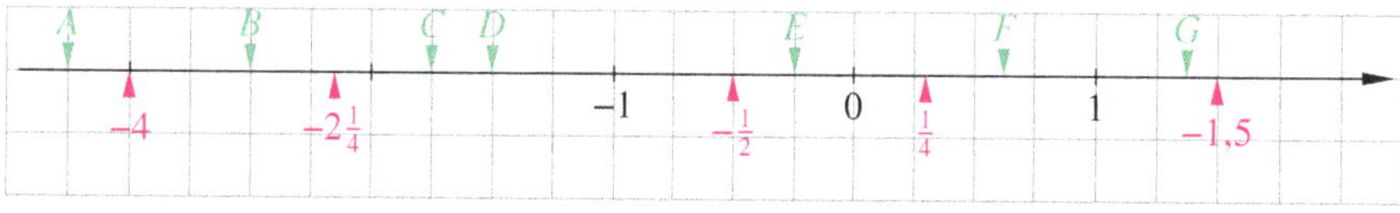

Falsch markiert wurden die Zahlen: ______________________

A ______; *B* ______; *C* ______; *D* ______; *E* ______; *F* ______; *G* ______

3 Wahr (w) oder falsch (f). Begründe deine Entscheidung. Die Aussagen beziehen sich auf die Darstellung in Aufgabe 2.

a) Zwischen den Zahlen, die auf der Zahlengeraden durch *C* und *D* markiert sind, liegt keine rationale Zahl. ______

____

b) Zwischen den Punkten *E* und *F* liegt ein Punkt, dem die Zahl $-\frac{1}{2}$ zugeordnet ist. ______

____

c) Zwischen –4 und $-2\frac{1}{4}$ gibt es eine natürliche Zahl. ______

____

Koordinatensystem

4 Verwende für die Erfüllung der folgenden Aufträge das gegebene Koordinatensystem.

a) Gib die Koordinaten der Punkte *A* bis *E* an.

____

____

b) Trage die Punkte $F\,(3\,|\,2{,}5)$, $G\,(-4\,|\,-2)$, $H\left(-3\frac{3}{4}\,\middle|\,-\frac{1}{2}\right)$, $K\left(3\,\middle|\,-\frac{5}{2}\right)$ und $L\,(-1\,|\,1{,}5)$ in das Koordinatensystem ein.

c) Welche der Punkte *A* bis *L* liegen im II. Quadranten?

____

d) Welche Punktepaare liegen bezüglich der *x*-Achse zueinander symmetrisch? Woran erkennst du das?

____

____

____

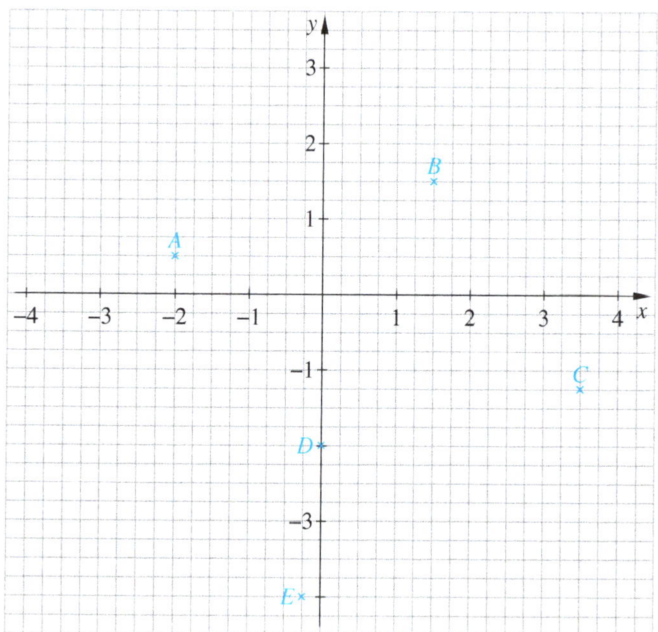

5 Wahr (w) oder falsch (f). Begründe deine Entscheidung.

a) Die Koordinaten aller Punkte im I. Quadranten sind stets positiv. ____

____

b) Die x-Koordinate aller Punkte im IV. Quadranten ist stets negativ. ____

____

Gegenzahlen und Beträge rationaler Zahlen

6 Nenne, falls möglich, drei ganze Zahlen, die

a) kleiner als –5 sind. ____
b) größer als –(–2) sind. ____
c) zwischen 0,1 und 0,09 liegen. ____

d) zwischen –5 und 2 liegen. ____
e) zwischen 0 und –1 liegen. ____
f) zwischen –9 und –1 liegen. ____

7 Ivo hat versucht, vier Zahlen anzugeben, deren Gegenzahl jeweils die angegebene Bedingung erfüllt. Streiche alle Zahlen durch, die Ivo falsch angegeben hat.

a) größer als –5
6; –2; –3; 2

b) zwischen –1 und –2
1,1; –1,11; 2,2; 1,7

c) zwischen –1 und 1
$-\frac{1}{3}$; $\frac{1}{3}$; –1,09; 0,75

d) kleiner als 2
–1; –2; 2; 3

8 Vervollständige die Tabelle.

a	3	$-\frac{3}{8}$		
$-a$			0,25	
$-(-a)$				–0,3
$\vert a \vert$				

9 Welche der Zahlen –5; –1,5; $-\frac{1}{4}$; 0; 0,5 und 3 erfüllen die folgende Gleichung bzw. Ungleichung?

a) $x < -0{,}5$ ____
b) $x > -1$ ____
c) $\vert x \vert = 0$ ____
d) $-2 < x < 3$ ____
e) $x + 2 = 5$ ____
f) $-5 < x < 3$ ____

Rationale Zahlen vergleichen und ordnen

10 Setze das Zeichen <, > oder = richtig ein.

a) –999 ____ –99
b) –7,8 ____ 7,8
c) –0,07 ____ –0,7
d) –5,5 ____ $-\frac{5}{2}$
e) $-3\frac{1}{4}$ ____ –3,25

f) –10,3 ____ $-10,\overline{3}$
g) 7,8 ____ –(–7,8)
h) $-3\frac{2}{3}$ ____ –3,7
i) $\vert -\frac{1}{2} \vert$ ____ $-\frac{1}{2}$
j) $\vert -2{,}1 \vert$ ____ 2

11 Ergänze die Übersicht.

Die Zahl a ist eine positive Zahl.	$a > 0$
Die Zahl a ist eine negative Zahl.	

	$a \leq 0$
Die Zahl a ist eine nichtnegative Zahl.	

Rationale Zahlen darstellen, vergleichen und ordnen

12 Ordne der Größe nach. Beginne mit der größten Zahl.

-11; $3{,}2$; $|-4|$; $-12{,}73$; $-1\frac{1}{3}$; 0; $-\frac{9}{11}$; $-9{,}11$ ____________________

13 Für einen Tag im Februar ergaben sich die folgenden Tageshöchsttemperaturen in °C. In der Tabelle sind die Hauptstädte der Bundesländer Deutschlands mit den Autokennzeichen abgekürzt.

KI	HH	SN	HB	B	P	H	MD	D	EF	DD	WI	MZ	SB	S	M
–0,8	0,5	–2,7	1,9	–3,5	–3,9	–0,2	0	3,2	0,7	–4,1	2,5	2,6	–0,2	0,2	–1,1

a) Ordne die Landeshauptstädte nach den Temperaturangaben. Beginne mit der Stadt mit der niedrigsten Angabe.

____

____

b) Gib den Temperaturunterschied zwischen Berlin und Düsseldorf an. ____________________

14 Welche ganzen Zahlen liegen zwischen den angegebenen Zahlen?

a) 0 und –1,3 ________ b) 2 und –2 ________ c) $-\frac{5}{4}$ und $\frac{1}{6}$ ________ d) $|-\frac{1}{4}|$ und $-\frac{1}{3}$ ________

15 Gegeben sind die Zahlen 6,7; $-9\frac{1}{4}$; $1\frac{1}{2}$; 0 und 2,3. Trage die zugehörigen Zahlen in die Tabelle ein.

größte Zahl	Zahl mit dem größten Betrag	kleinste Zahl	Zahl mit dem kleinsten Betrag

16 Entscheide und begründe, ob die Aussage wahr ist oder nicht.

a) Für jede rationale Zahl gilt $-a < a$. ____________________

____

b) Gilt $a > b$, dann gilt auch $-a > -b$. ____________________

____

Zahlenbereiche

17 Kreuze Zutreffendes an und trage die Zahlen korrekt in das Diagramm ein.

	5,2	$-3\frac{1}{3}$	–9	$0{,}4\overline{8}$	7	$\frac{1}{2}$
natürliche Zahl ($\mathbb{N}$)						
ganze Zahl ($\mathbb{Z}$)						
Bruchzahl ($\mathbb{Q}_+$)						
rationale Zahl ($\mathbb{Q}$)						

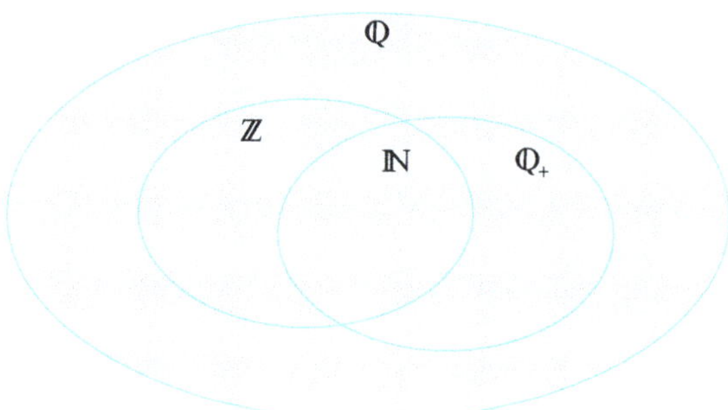

Komplexe Aufgaben

18 In der nebenstehenden besonderen Karte sind die Positionen der Schiffe der Piraten Ato und Beto auszumachen. Das Schiff von Ato liegt im Hafen $A(3|2)$. Das Schiff von Beto ankert im Hafen B, 80 sm westlich vom Hafen A entfernt. Ihre gemeinsame Beute wollen sie auch von beiden Heimathäfen gleich weit entfernt versenken, und zwar in 50 sm Entfernung.

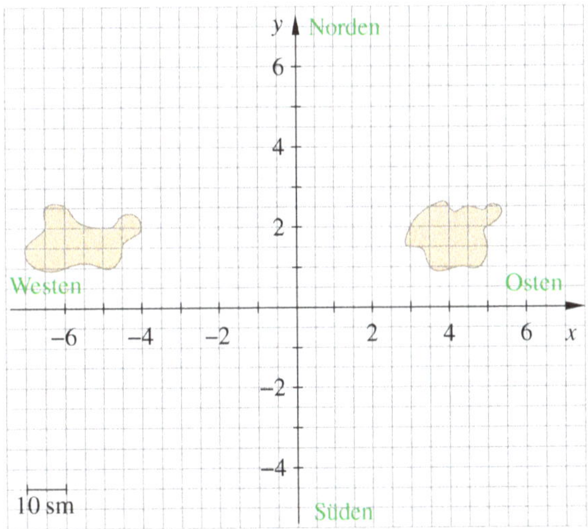

a) Markiere beide Häfen in der Karte und gib die Koordinaten des Hafens B an. ______

b) Wo kann der Schatz versenkt werden? Begründe.

______

______

______

19 Nachfolgend sind verschiedene historische Ereignisse zusammengestellt.

Ⓐ erstes Karussell ca. 500
Ⓑ Bau der ersten Segelschiffe ca. 1400 v. Chr.
Ⓒ erster programmgesteuerter Rechenautomat von Konrad Zuse (ZUSE-Rechner) 1941
Ⓓ Thales entdeckt die magnetische Anziehungskraft ca. 600 v. Chr.
Ⓔ erste oberschlächtige Wasserräder ca. 1320
Ⓕ Archimedische Schraube ca. 200 v. Chr.
Ⓖ erster programmierbarer Taschenrechner (HP-65) 1974
Ⓗ Rechenmaschine von Blaise Pascal (Pascaline) 1642
Ⓘ Flugboot von Claudius Dornier 1929
Ⓚ Hakenpflug mit Tierbespannung ca. 1800 v. Chr.
Ⓛ erste deutsche Eisenbahnstrecke eröffnet (Nürnberg-Fürth) 1835

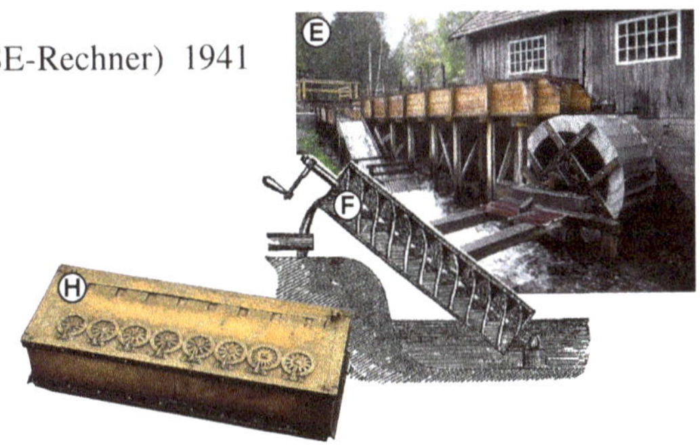

a) Markiere die Jahreszahlen der Ereignisse mithilfe der Buchstaben näherungsweise auf dem Zeitstrahl. Jahreszahlen vor unserer Zeitrechnung entsprechen hier negativen Zahlen.

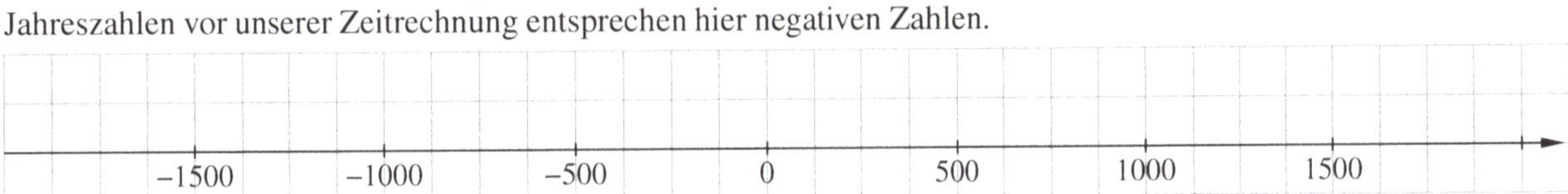

b) Welche der Ereignisse liegen bezüglich ihrer Jahreszahl auf dem Zeitstrahl in a) annähernd symmetrisch zur Null?

______

c) Wie viele Jahrhunderte dauerte es ungefähr vom Bau der ersten Segelschiffe bis zum Bau des ersten Flugbootes?

______

d) Zwischen welchen Ereignissen sind ca. 3000 Jahre vergangen?

______

e) Zwischen welchen angegebenen Ereignissen liegt der geringste Zeitunterschied? Warum können für die letzten 100 Jahre besonders viele technische Erfindungen angegeben werden?

______

______

Rationale Zahlen darstellen, vergleichen und ordnen

Kreuze gleich nach der Fertigstellung der Aufgabe an, wie du mit der Lösung der Aufgabe zurechtgekommen bist.
Trage später nach dem Vergleich mit den Lösungen ein, wie viele Aufgaben du richtig gelöst hast.

1 Gegeben ist eine Zahlengerade mit markierten Punkten.

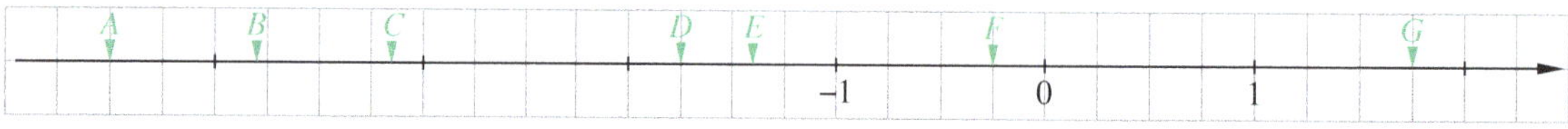

a) Ordne den markierten Punkten jeweils die richtige Zahl zu.

A ______; *B* ______; *C* ______; *D* ______; *E* ______; *F* ______; *G* ______

b) Markiere die Punkte auf der gegebenen Zahlengeraden. *K* $\frac{3}{2}$; *L* $-3{,}5$; *M* $-\frac{4}{8}$; *N* $-2\frac{3}{4}$; *O* $\frac{2}{5}$; *P* $-\frac{11}{5}$

c) Wahr (w) oder falsch (f)?

① Zwischen -4 und -1 liegen genau vier ganze Zahlen. ______

② Dem Punkt in der Mitte zwischen *B* und *C* ist die Zahl $-3{,}5$ zugeordnet. ______

③ Der Punkt für die Zahl $-4{,}3$ liegt zwischen den Punkten *B* und *D*. ______

Zahlengerade

/16

2 Gegeben ist eine Zahlengerade mit markierten Zahlen.

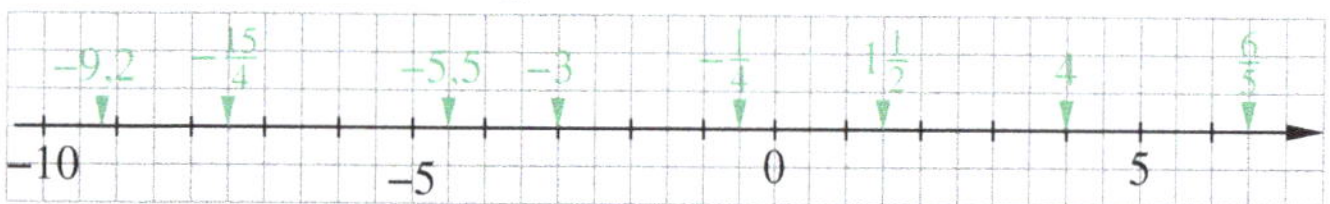

a) Welche Zahlen wurden falsch markiert?

______

b) Welche Zahl liegt auf der Zahlengeraden in der Mitte zwischen den gegebenen Zahlen?

① -3 und 3 ____; ② -8 und 1 ____; ③ -10 und 9 ____; ④ $-3{,}5$ und $-1{,}5$ ____; ⑤ -2 und 0 ____;

c) Die Zahl *a* liegt auf der Zahlengeraden in der Mitte zwischen -10 und 6. Kreise zutreffende Zahlen ein.

-4 $|-2|$ -2 0 -1 2 $-\frac{4}{2}$ $-3{,}5$

Zahlengerade

/11

3 Verwende für die Erfüllung der folgenden Aufträge das gegebene Koordinatensystem.

a) Gib die Koordinaten der Punkte *A* bis *F* an.

______

______

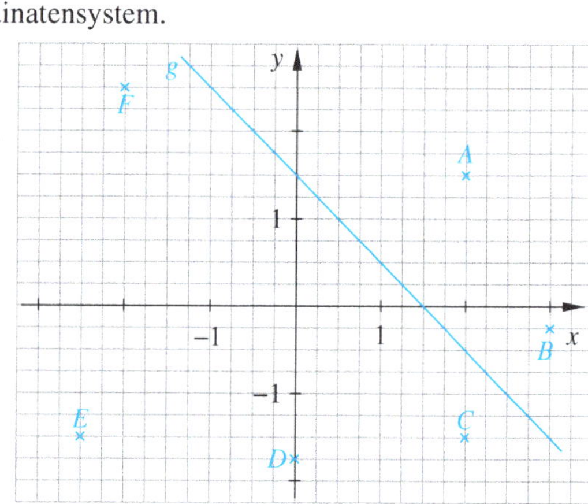

b) Trage die Punkte *G* $(-3|0)$, *H* $(-1{,}5|-0{,}5)$, *I* $\left(2|-\frac{3}{4}\right)$, *K* $\left(-2|\frac{3}{4}\right)$, *L* $\left(3|\frac{5}{2}\right)$ und *M* $(1|1{,}25)$ in das Koordinatensystem ein.

c) Welche der Punkte *P* $(1{,}5|0)$, *Q* $(-1|2)$, *R* $(-0{,}25|1{,}75)$, *S* $(2|-0{,}25)$ und *T* $(3|-1{,}5)$ liegen auf der Geraden *g*?

______

Koordinatensystem

/15

4 Vervollständige zu wahren Aussagen.

a) ____ ist die Gegenzahl von 2,3.

b) ____ hat sich selbst als Gegenzahl.

c) ____ und $-0{,}5$ haben den gleichen Betrag.

d) $|-4{,}7|$ ist die Gegenzahl von ____ .

Gegenzahlen und Beträge rationaler Zahlen

/4

5 Setze das Zeichen <, > oder = richtig ein.

a) $-\frac{1}{3}$ ____ $-\frac{2}{3}$

b) $-0{,}09$ ____ $-0{,}22$

c) $-0{,}25$ ____ $-\frac{1}{4}$

d) $-\frac{5}{7}$ ____ $\frac{5}{8}$

e) $-5\frac{1}{2}$ ____ $5\frac{1}{2}$

f) $-8{,}21$ ____ $-8{,}\overline{2}$

g) $-(-1{,}6)$ ____ $-2{,}8$

h) $-2\frac{1}{6}$ ____ $-2{,}16$

i) $-0{,}\overline{3}$ ____ $-\frac{1}{3}$

j) $|-0{,}4|$ ____ $\frac{1}{4}$

Rationale Zahlen vergleichen und ordnen

/10

6 Ordne der Größe nach. Beginne mit der kleinsten Zahl.

$-0{,}99$; $9{,}9$; $-\frac{1}{2}$; $-1\frac{1}{3}$; $0{,}\overline{3}$; 0 ____________________

Rationale Zahlen vergleichen und ordnen

/1

7 Wahr (w) oder falsch (f)?

a) $|-3{,}6| < 3{,}6$ ____

b) $-\frac{3}{2} > -\frac{2}{3}$ ____

c) $-\frac{1}{2} < \frac{1}{2}$ ____

d) $0{,}125 > |-\frac{1}{8}|$ ____

e) $|-0{,}\overline{6}| = \frac{2}{3}$ ____

Rationale Zahlen vergleichen und ordnen

/5

8 Gegeben sind die Zahlen -2; $0{,}7$; 240; $-\frac{1}{2}$; $0{,}1$; $-2{,}7$; 6 und -129.

a) Von den gegebenen Zahlen ist

① ____ die größte rationale Zahl.

② ____ die kleinste ganze Zahl.

③ ____ die kleinste Bruchzahl.

④ ____ die kleinste natürliche Zahl.

b) Gib zwei Rechenaufgaben an, die mit den gegebenen natürlichen Zahlen im Zahlenbereich der natürlichen Zahlen nicht ausführbar sind. ____________________

____

Zahlenbereiche

/6

Solltest du bei Aufgaben noch weiteren Übungsbedarf haben, dann schau in der Ausgangsdiagnose nach, welches Angebot dir zu dem jeweiligen Thema zur Verfügung steht.

S. 14, 15 ←

Rationale Zahlen addieren und subtrahieren

	Aufgabe	w	f	Bemerkungen oder richtige Lösungen	Richtig gelöst? ✓
1	$-8 + 4 = -12$				
	$-2 + (-6) = -8$				
	$-7{,}39 + (-5{,}41) = 12{,}8$				
	$-\frac{1}{2} + \left(-\frac{1}{2}\right) = -1$				
	$-\frac{3}{5} + \frac{5}{3} = -\frac{2}{15}$				
	$-5{,}1 + (-3{,}2) < -8$				
	Die Gleichung $x + (-7) = -10$ hat die Lösung $x = -3$.				
	Es gibt rationale Zahlen a, b, sodass gilt $a + b < a$.				

Rationale Zahlen addieren — S. 24, Nr. 1, 2, 3, 4, 5, 6 ← geübt?

	Aufgabe	w	f	Bemerkungen oder richtige Lösungen	Richtig gelöst? ✓
2	$17 - 21 = -4$				
	$9 - (-3) = -12$				
	$-4 - (-16) = -12$				
	$-7 - (-5) = -7 + 5$				
	Man subtrahiert eine Zahl, indem man die Gegenzahl addiert.				
	$\frac{7}{10} - \left(-\frac{2}{5}\right) = -\frac{3}{10}$				
	$-\frac{3}{5} - \frac{5}{3} = -\frac{2}{15}$				
	$0 - (-3{,}7) = 3{,}7$				
	$-0{,}5 + 0{,}8 = 0{,}3$				
	$-7{,}39 - (-5{,}41) = -12{,}8$				
	$-4{,}1 - (-2{,}2) < -2$				
	$3 - (-4) - (-1{,}4) - 1 < 0$				
	$4 - x = 4{,}5$; daraus folgt $x = 0{,}5$.				
	Es gibt rationale Zahlen x und y, sodass gilt $x - y > x$.				

Rationale Zahlen subtrahieren — S. 24, Nr. 7; S. 25, Nr. 8, 9, 10, 11, 12, 13, 14 ← geübt?

Aufgabe	w	f	Bemerkungen oder richtige Lösungen	Richtig gelöst? ✓
3 Die Temperatur $-12\,°C$ ist um 5 Grad auf $-17\,°C$ gestiegen.				
Mareike hat 12 € Schulden und leiht sich noch 4 €. Nun hat sie 8 € Schulden.				
Der Temperaturunterschied zwischen $-12\,°C$ und $18\,°C$ beträgt 30 Grad.				
Die Differenz von 2 und -16 ist gleich der Summe aus 2 und 16.				

Rationale Zahlen addieren und subtrahieren

S. 25, Nr. 15; S. 26, Nr. 16, 17, 18 ←

geübt?

Aufgabe	w	f	Bemerkungen oder richtige Lösungen	Richtig gelöst? ✓
4 $-2{,}5 + 7{,}8 - 7{,}5 = -2{,}5 - 7{,}5 + 7{,}8$				
$-3 + y + 0{,}5 - (-2{,}5) - y = 1$				
$\frac{2}{3} - \frac{3}{2} + \left(-\frac{2}{3}\right) + \left(-\frac{1}{2}\right) = -1$				
$8{,}4 - 17{,}1 + 12{,}2 + (-8{,}4) = -17{,}1 + 12{,}2$				
$0{,}2 + (-0{,}25) - 0{,}75 + 0{,}25 = -0{,}55$				
Für $x = -7$ und $y = 5$ gilt $-x - y = -12$.				
Mit dem Rechenbaum wurde die Aufgabe $(-5 + 3) - (-4 - 2)$ richtig gelöst. 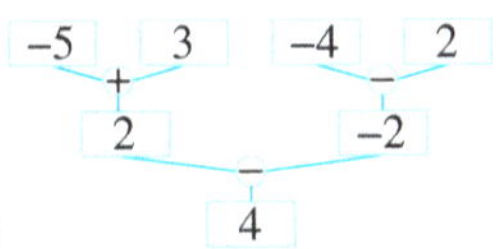				

Vielfältiges Rechnen mit rationalen Zahlen

S. 26, Nr. 19, 20, 21 ←

geübt?

5 Zum Lösen der Aufgabe mit einem Taschenrechner (TR) führt die angegebene Tastenfolge zum richtigen Ergebnis.

Aufgabe	w	f	Bemerkungen oder richtige Lösungen	Richtig gelöst? ✓
$978 - (-98{,}98) + (-7{,}8 - 9{,}23)$ TR: 978 [+] 98.98 [−] 7.8 [−] 9.23 [=]				
$47{,}5 - 17{,}8 - (-7{,}8) - 9{,}1$ TR: 47.5 [−] 17.8 [+] 7.8 [−] 9.1 [=]				
$2{,}8 + (-1{,}8) - (-7{,}5) - 9{,}4$ TR: 2.8 [−] 1.8 [+] 7.5 [−] 9.4 [=]				

Taschenrechner nutzen

S. 26, Nr. 22, 23 ←

geübt?

Hast du alles richtig gemacht bzw. hast du entsprechend geübt, solltest du auf jeden Fall auch komplexe Aufgaben lösen, bevor du dich dem nächsten Thema widmest.

S. 27, Nr. 24, 25, 26 ←

geübt?

Rationale Zahlen addieren und subtrahieren

Basisaufgaben

Rationale Zahlen addieren

1 Berechne.

a) $2 + (-3) =$ ______ b) $3{,}227 + (-2{,}1) =$ ______ c) $-0{,}3 + 1{,}43 =$ ______ d) $-9{,}1 + (-2{,}93) =$ ______

2 Ergänze die fehlende Zahl.

a) $-\frac{1}{3} +$ ______ $= -\frac{2}{3}$ b) $-\frac{1}{5} +$ ______ $= -7$ c) ______ $+ \left(-\frac{1}{4}\right) = -\frac{1}{2}$ d) ______ $+ \left(-\frac{1}{2}\right) = 1$

e) $-\frac{3}{4} + \frac{4}{3} =$ ______ f) $-\frac{1}{2} + \frac{1}{4} + \left(-\frac{3}{4}\right) =$ ______ g) $\frac{1}{4} +$ ______ $= -\frac{3}{4}$ h) $-\frac{3}{2} +$ ______ $= -1$

3 Über je zwei benachbarten „Steinzahlen" in der Additionsmauer steht deren Summe.

a) Ergänze die Additionsmauer.

b) Die Additionsmauer beginnt mit drei gleichen Zahlen. Ergänze.

c) Wie ändert sich in b) das Ergebnis, wenn alle drei Startzahlen um eins vermindert werden?

____

4 Vervollständige die Additionstabelle.

+	-3	5	-13				-8
12					12,5		
-4						4	
	-5			-2,5			
							7

5 Gib zwei rationale Zahlen an, deren Summe den angegebenen Wert hat.

a) ______ $= -12$ b) ______ $= -4$ c) ______ $= -2{,}5$ d) ______ $= 0$

6 Richtig (r) oder falsch (f)? Gib gegebenenfalls das richtige Ergebnis an.

a) $-\frac{1}{5} + \frac{2}{5} + \left(-\frac{3}{10}\right) = -\frac{1}{10}$ ______ b) $-0{,}3 + 1{,}4 + (-6{,}7) = 5$ ______

Rationale Zahlen subtrahieren

7 Berechne.

a) $3 - 8 =$ ______ b) $3{,}22 - (-2{,}11) =$ ______ c) $-0{,}7 - 1{,}7 =$ ______ d) $-2{,}81 - (-1{,}71) =$ ______

8 Ergänze die fehlende Zahl.

a) $-\frac{1}{4} - \_\_\_ = -\frac{1}{2}$ b) $-\frac{1}{3} - \left(-\frac{5}{3}\right) = \_\_\_$ c) $\_\_\_ - \left(-\frac{1}{4}\right) = -\frac{1}{2}$ d) $\_\_\_ - \left(-\frac{1}{2}\right) = -1$

e) $-\frac{3}{4} - \frac{5}{3} = \_\_\_$ f) $-\frac{1}{2} - \frac{1}{4} - \left(-\frac{3}{4}\right) = \_\_\_$ g) $\frac{1}{5} - \_\_\_ = -\frac{3}{4}$ h) $-\frac{3}{2} - \_\_\_ = -2$

9 Über je zwei benachbarten „Steinzahlen" in der Subtraktionsmauer steht deren Differenz. Ergänze.

a)

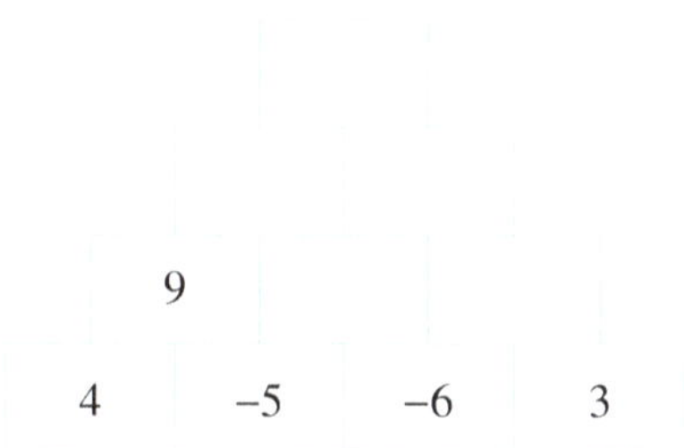

b)

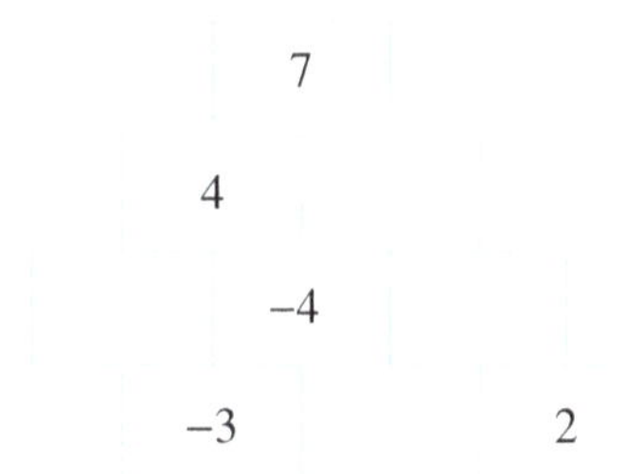

10 Vervollständige.

a	b	$a-b$	$a-(-b)$	$a+(-b)$
3	−8			
−1	5			
	−5	0		
−7			−2	

11 Gib zwei rationale Zahlen an, deren Differenz den angegebenen Wert hat.

a) ______ = −8 b) ______ = 3 c) ______ = −1,5 d) ______ = 0

12 Welche Aufgaben haben das Ergebnis −5?

① $-\frac{1}{5} - \frac{2}{5} - \left(-\frac{4}{5}\right)$; ② $-0{,}3 - (-5{,}3)$; ③ $-5{,}9 - (-0{,}9)$; ④ $-(3{,}4 - 5) + 3{,}4$; ⑤ $-2\frac{2}{5} + \frac{3}{5} - 3\frac{1}{5}$ ______

13 Berechne für $x = -5$ und $y = 4{,}5$.

a) $x - y$ ______ b) $-x - (-y)$ ______ c) $|x| - y$ ______

14 Bestimme die Zahl, …

a) von der man 2,3 subtrahieren muss, um −7 zu erhalten. ______

b) die man von −2,9 subtrahieren muss, um −2,2 zu erhalten. ______

Rationale Zahlen addieren und subtrahieren

15 Welche Temperatur herrscht nun?

a) Die Temperatur ist von −12 °C um 5 Grad gestiegen und dann um 7 Grad gesunken. ______

b) Die Temperatur ist von 2 °C um 9 Grad gesunken und dann um 4 Grad gestiegen. ______

Rationale Zahlen addieren und subtrahieren

16 Welche Temperatur zeigt jedes Thermometer, wenn die Temperatur um drei Grad steigt bzw. um fünf Grad sinkt?

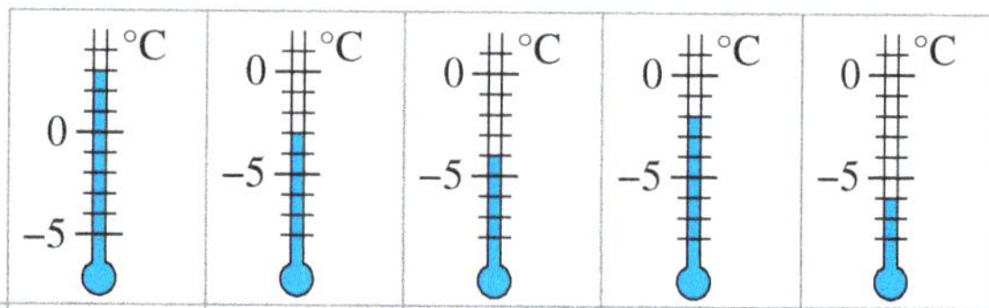

steigt auf					
sinkt auf					

17 Setze <, > oder = richtig ein.

a) $-5{,}1 - 3{,}2$ ___ -8 **b)** $-3 + (-2{,}5)$ ___ $-(3 + 2{,}5)$ **c)** $-3{,}9$ ___ $3{,}9 - 7{,}8 + 1$

18 Richtig (r) oder falsch (f)?

a) Die Summe aus 3,6 und –7,8 ist gleich der Differenz aus –2,4 und 1,8. ___

b) Die Differenz aus $-\frac{3}{5}$ und $\frac{3}{4}$ ist gleich der Summe aus $-\frac{7}{20}$ und 1. ___

Vielfältiges Rechnen mit rationalen Zahlen

19 Berechne möglichst im Kopf.

a) $-2 + 6 + (-1) + 2 =$ ___ **b)** $-3 + 2 + 5 - (-3) =$ ___ **c)** $-46 + 38 - 54 - 18 =$ ___

d) $-12{,}4 - (-4{,}7) + 2{,}4 =$ ___ **e)** $-74 + 36 - 6 + 74 =$ ___ **f)** $0{,}75 - \frac{1}{4} - 0{,}5 =$ ___

g) $-53 + (-18) - 47 + 6 =$ ___ **h)** $1{,}8 - 2{,}4 + 3{,}4 - 1{,}8 =$ ___ **i)** $1{,}\overline{6} - 1{,}25 + \frac{1}{3} =$ ___

20 Setze + oder – so ein, dass eine wahre Aussage entsteht.

a) -3 ___ $4 = -7$ **b)** $-3 - (-2{,}7) = -3$ ___ $2{,}7$ **c)** $-(-20$ ___ $(-7))$ ___ $3 = 30$ **d)** $-1{,}5$ ___ $(-4{,}5) = 2{,}5$ ___ $\frac{1}{2}$

21 Setze Klammern, sodass eine wahre Aussage entsteht.

a) $4 \;-\; (-1) \;-\; 7 \;= 12$ **b)** $- \;1 \;+\; 2 \;-\; (-3) = 0$ **c)** $- \;1 \;+\; 4 \;-\; 2 \;+\; 3 \;= -4$

Taschenrechner nutzen

22 Bestimme zuerst das Vorzeichen des Ergebnisses (VZ). Rechne dann mit einem Taschenrechner.

a) $-0{,}798 - (-0{,}9781)$ VZ: ___ ______ **b)** $-797{,}1 - (-789{,}2) + 24{,}5$ VZ: ___ ______

c) $98{,}2 - 113{,}2 - 33{,}9$ VZ: ___ ______ **d)** $-23{,}1 - (-86{,}44) - 43{,}03$ VZ: ___ ______

23 Überschlage zunächst das Ergebnis (Ü). Rechne dann mit dem Taschenrechner.

a) $2732 - 9827 + 371 - 799 - 932$ **b)** $213 - (-921) + 271 + (-789) - 271$ **c)** $-9{,}21 - 321{,}21 + 22{,}87 - (-9{,}3)$

Ü: ______ ______ Ü: ______ ______ Ü: ______ ______

Komplexe Aufgaben

24 Die Poststelle eines Geschäftshauses befindet sich im dritten Untergeschoss. Ein Postbote fährt mit dem Lift zunächst in die dritte Etage, von da aus zwölf Stockwerke aufwärts, dann sechs Stockwerke abwärts, drei aufwärts, zwei aufwärts, acht abwärts, sieben aufwärts und schließlich zurück zur Poststelle.

a) In welcher Etage befindet sich der Postbote, bevor er zur Poststelle zurückfährt? ....

b) Wie viele Etagen muss der Bote zur Poststelle nach unten fahren? ....

c) Welches höchste Stockwerk wird bei der Fahrt mit dem Lift erreicht? ....

d) Der Lift legt pro Etage 3,50 m zurück. Welche Strecke wird mit dem Lift insgesamt zurückgelegt? ....

e) Erstelle einen Plan, sodass die Fahrstrecke mit dem Lift minimal wird. Wie lang ist diese Strecke? ....

25 Vervollständige.

-1 $\quad -\frac{1}{2}$

$-$

$\frac{1}{2}$

$+$ $\quad +$

-3 $\quad -2{,}5$ $\quad -\frac{1}{4}$

$-$ $\quad -$ $\quad -$

-4 $\quad \frac{1}{4}$

$+$ $\quad -$ $\quad -$ $\quad +$

26 Für rationale Zahlen a, b und c sind die folgenden Ausdrücke zu berechnen.

① $a + b + c$; ② $a - (b - c)$; ③ $a + (-b) + c$; ④ $-a - b - c$; ⑤ $a - b - (-c)$; ⑥ $a - (-b - c)$

a) Welche Terme führen jeweils zu gleichen Ergebnissen? ....

b) Ermittle jeweils das Ergebnis für $a = 1$, $b = 2$ und $c = -4$.

① ....; ② ....; ③ ....; ④ ....; ⑤ ....; ⑥ ....

c) Mithilfe einer Tabellenkalkulation wurde die folgende Tabelle angelegt, mit der aus Zahlen für a, b und c stets die Termwerte der vorgegebenen Terme berechnet werden sollen.

	A	B	C	D	E	F	G	H	I
1	a	b	c	$a+b+c$	$a-(b-c)$	$a+(-b)+c$	$-a-b-c$	$a-b-(-c)$	$a-(-b-c)$
2	−2	3	5						
3	−0,75	0,25	−0,5						
4	12,78	−9,81	−7,65						

Trage die erforderlichen Formeln in die Zellen D2 bis I2 ein. Wie erreichst du, ab Zeile 3 ohne weitere Formeleingaben auszukommen?

....

....

Rationale Zahlen addieren und subtrahieren

Kreuze gleich nach der Fertigstellung der Aufgabe an, wie du mit der Lösung der Aufgabe zurechtgekommen bist. Trage später nach dem Vergleich mit den Lösungen ein, wie viele Aufgaben du richtig gelöst hast.

1 Ergänze.

a) $-5+(-3)=$ ______

b) ______ $+(-4{,}4)=-5{,}6$

c) $26+6{,}5+$ ______ $=12{,}5$

d) ______ $+\left(-\frac{1}{4}\right)=-2$

e) $-\frac{1}{5}+\left(-\frac{1}{3}\right)=$ ______

f) $-0{,}5-\frac{1}{4}+\left(-\frac{1}{2}\right)=$ ______

g)
−4
+ ____ + (−3)
+ 7
−7

h)
2,1
+ ____ + 0,5
0 + ____ 2,6

i)
+ ____ $+\left(-\frac{3}{4}\right)$
+ 1,5
−1,5

Rationale Zahlen addieren

/13

2 Berechne.

a) $-2{,}1-2{,}1=$ ______

b) $0{,}2-(-0{,}2)+0{,}2=$ ______

c) $3-0{,}5+12-(2-14)=$ ______

d) $-\frac{2}{5}-\frac{1}{5}=$ ______

e) $\frac{1}{3}-\left(\frac{1}{3}+\frac{2}{3}\right)=$ ______

f) $\frac{3}{4}-\left(1\frac{1}{4}+\frac{3}{4}\right)=$ ______

Rationale Zahlen subtrahieren

/6

3 Vervollständige die Tabelle.

a	b	$a-b$	$a-(-b)$	$b-a$	$b-(-a)$
0,5	−2				
−4	1				
	−5,5	1,5			
−1,2			−2,4		

Rationale Zahlen subtrahieren

/16

4 Erfülle die Teilaufträge.

a) Setze <, > oder = richtig ein.

① $3-(-6)$ ____ 0; ② $-5+4{,}9$ ____ $11{,}2-1{,}3$; ③ $\frac{2}{5}-\frac{3}{4}$ ____ $-\frac{1}{4}$; ④ $-0{,}4+(-0{,}3)$ ____ $-0{,}7$

b) Ermittle den Temperaturunterschied zwischen 12 °C und −5,5 °C. ______

c) Kontrolliere das Ergebnis. Berichtige, falls nötig.

① $\frac{1}{4}-\frac{2}{4}+\left(-\frac{3}{2}\right)=-1{,}5$ ______; ② $-1{,}3+1{,}1-6{,}2=-8{,}6$ ______; ③ $-\frac{3}{8}-\left(-\frac{3}{4}\right)=\frac{3}{8}$ ______

Rationale Zahlen addieren und subtrahieren

/8

5 Berechne.

a) $\frac{2}{3} - \frac{1}{3} + \left(-\frac{2}{3}\right) + \frac{3}{6} =$ ______

b) $-\frac{1}{3} - \left(-\frac{1}{3} - \frac{2}{3}\right) =$ ______

c) $0{,}27 + (-4{,}21) + 0{,}73 - 0{,}79 =$ ______

d) $0{,}5 - 2 + (-1) - 2 =$ ______

e) $-3 + 1{,}4 - (-4) + 1{,}6 =$ ______

f) $-(1 - 3) + 1 - (-3 + 2) =$ ______

Vielfältiges Rechnen mit rationalen Zahlen

/6

6 Setze, falls erforderlich, Klammern, sodass eine wahre Aussage entsteht.

a) $2 \;-\; (-3) \;-\; 7 \;-\; 2 \;= 0$

b) $-\; 4{,}1 \;+\; 2{,}1 \;-\; (-3) \;= -3{,}2$

c) $-\; 1 \;+\; 4 \;-\; 2 \;+\; 3 \;-\; 4 \;= -8$

d) $-\; \frac{1}{3} \;-\; \frac{2}{3} \;= \frac{1}{3}$

e) $-\; \frac{1}{2} \;+\; \frac{1}{4} \;+\; \frac{3}{4} \;= 0$

f) $-\; \frac{2}{3} \;+\; \frac{2}{3} \;+\; \frac{1}{3} \;= -1$

Vielfältiges Rechnen mit rationalen Zahlen

/6

7 Überschlage zunächst das Ergebnis (Ü). Rechne dann mit dem Taschenrechner.

a) $-213 + 512 - (-714)$

Ü: ______ ______

b) $213 + 512 - (-714)$

Ü: ______ ______

c) $213 - (-512) - 714$

Ü: ______ ______

d) $-8{,}02 - (-2{,}12 - 3{,}21) - 4{,}87$

Ü: ______ ______

e) $8{,}02 - 2{,}12 + 3{,}21 - (-4{,}87)$

Ü: ______ ______

f) $-8{,}02 - 2{,}12 - (-3{,}21) + 4{,}87$

Ü: ______ ______

Taschenrechner nutzen

/12

8 Bestimme zuerst das Vorzeichen des Ergebnisses (VZ). Rechne dann mit dem Taschenrechner.

a) $293{,}4 - (-123{,}1) - 305{,}7$ VZ: ___ ______

b) $-7{,}8 - 9{,}87 - 0{,}19$ VZ: ___ ______

c) $-74{,}44 + (-34{,}7) + 9{,}8$ VZ: ___ ______

d) $0{,}034 - 0{,}352 - (-0{,}012 + 0{,}056)$ VZ: ___ ______

e) $-(2{,}3 + 7{,}43) - (-1{,}89 - 3{,}11)$ VZ: ___ ______

f) $-35{,}74 - (16{,}2 + 21{,}794)$ VZ: ___ ______

Taschenrechner nutzen

/12

Solltest du bei Aufgaben noch weiteren Übungsbedarf haben, dann schau in der Ausgangsdiagnose nach, welches Angebot dir zu dem jeweiligen Thema zur Verfügung steht.

S. 22, 23 ←

Rationale Zahlen multiplizieren und dividieren

	Aufgabe	w	f	Bemerkungen oder richtige Lösungen	Richtig gelöst? ✓
1	$-2{,}2 \cdot 3 = -6{,}6$				
	$-11 \cdot (-11) = -121$				
	$-\frac{1}{2} \cdot 0 = \frac{1}{2}$				
	$\frac{3}{10} \cdot (-0{,}2) = 0{,}6$				
	$1{,}1 \cdot \frac{2}{5} \cdot (-5) \cdot \left(-\frac{1}{2}\right) \cdot (-1) \cdot 0{,}1 < 0$				
	Für alle rationalen Zahlen a gilt $-1 \cdot a < 0$.				
	Multipliziert man die Summe der Zahlen $-5{,}5$ und $-3{,}5$ mit -2, so erhält man 4.				
	Rationale Zahlen multiplizieren			S. 32, Nr. 1, 2, 3, 4, 5, 6	←
2	$(-2) \cdot (-2) \cdot (-2) = (-2)^3$				
	Quadriert man -3, so erhält man -9.				
	$(-1)^2 > (-1)^3$				
	$(-2)^3 + 3^2 = -1$				
	$-2^2 < (-2)^2$				
	Für alle negativen rationalen Zahlen a gilt $a^3 < 0$.				
	Potenzen rationaler Zahlen			S. 32, Nr. 7, 8	←
3	$-12 : (-3) = -4$				
	$720 : (-1{,}2) = -60$				
	Dividiert man 8 durch $-\frac{1}{2}$, so ergibt das -4.				
	$-0{,}5 : \frac{1}{4} = -2$				
	$\left(2{,}3 - 4\frac{3}{10}\right) : (-1) = 2$				
	Für alle positiven rationalen Zahlen a gilt $a : (-1) < 0$.				
	Rationale Zahlen dividieren			S. 33, Nr. 9, 10, 11, 12, 13	←

geübt?

geübt?

geübt?

Aufgabe	w	f	Bemerkungen oder richtige Lösungen	Richtig gelöst? ✓
4 $-2 \cdot 5 \cdot (-50) \cdot 12 = 100 \cdot 60$				
$\frac{1}{2} \cdot \left(-\frac{1}{4}\right) \cdot 2 \cdot 4 = 2 \cdot (-1)$				
$0{,}4 \cdot (-8) + 0{,}4 \cdot 3 + 0{,}4 \cdot 4 = -0{,}4$				
$4 \cdot (-2{,}37) \cdot 25 = 237$				
$2 - 8 \cdot 0{,}5 = -2$				
$(2 - 18) \cdot \frac{1}{4} = -4$				
Vermindert man −5 um 8 und dividiert das Ergebnis durch −2, so erhält man −1,5.				
$-6{,}5 + 16\frac{1}{2} : (-2) = -5$				
$(-17{,}98 - 26{,}87) : (-17{,}3) < 0$				
$-\frac{2}{3} \cdot 2 + \left(-\frac{2}{3}\right) \cdot 4 = -\frac{2}{3} \cdot (2 + 4)$				
$4 : (-0{,}1) + 6 : (-0{,}1) = 1$				
$98 : (-14) + 42 : (-14) = 140 : (-14)$				

Vielfältiges Rechnen – Rechenvorteile S. 33, Nr. 14; S. 34, Nr. 15, 16, 17, 18 ← geübt?

5 Zum Lösen der Aufgabe mit einem Taschenrechner (TR) ist die angegebene Tastenfolge geeignet.

Aufgabe	w	f	Bemerkungen oder richtige Lösungen	Richtig gelöst? ✓
$-5{,}7 \cdot (-0{,}35) \cdot (-1{,}6) \cdot (-17)$ TR: 5.7 [×] 0.35 [×] 1.6 [×] 17 [=]				
$13{,}5 \cdot (-29{,}1 + 2{,}36)$ TR: 2.36 [−] 29.1 [=] [×] 13.5 [=]				
$4{,}25 : (4{,}53 - 5{,}08)$ TR: 4.53 [−] 5.08 [=] [÷] 4.25 [=]				
$18{,}74 - 0{,}945 : (-35) - 17{,}4$ TR: 0.945 [÷] 35 [+] 18.74 [−] 17.4 [=]				
$-47{,}628 : (0{,}75 \cdot 156{,}8)$ TR: [−] 47.628 [÷] .75 [÷] 156.8 [=]				

Taschenrechner nutzen S. 34, Nr. 19, 20 ← geübt?

Hast du alles richtig gemacht bzw. hast du entsprechend geübt, solltest du auf jeden Fall auch komplexe Aufgaben lösen, bevor du dich dem nächsten Thema widmest.

S. 35, Nr. 21, 22, 23 ← geübt?

Basisaufgaben

Rationale Zahlen multiplizieren

1 Ergänze. Setze die Aufgabenserie um eine Aufgabe fort.

a) $8 \cdot 10 =$ ____; ____ $\cdot\, 5 = 40$; $8 \cdot$ ____ $= 0$; $8 \cdot (-5) =$ ____; $8 \cdot$ ____ $= -80$; ____ $\cdot$ ____ $=$ ____

b) $-5 \cdot 12 =$ ____; $-5 \cdot 6 =$ ____; $-5 \cdot 0 =$ ____; $-5 \cdot (-6) =$ ____; $-5 \cdot$ ____ $= 60$; ____ $\cdot$ ____ $=$ ____

2 Berechne.

a) $-7 \cdot 8 =$ ____ b) $-9 \cdot (-3) =$ ____ c) $0{,}5 \cdot (-1) =$ ____ d) $-0{,}7 \cdot (-10) =$ ____

e) $-2 \cdot \left(-\frac{1}{4}\right) =$ ____ f) $-\frac{2}{7} \cdot 14 =$ ____ g) $-\frac{3}{5} \cdot 0 =$ ____ h) $0{,}5 \cdot \left(-\frac{1}{2}\right) =$ ____

3 Vervollständige. In Pfeilrichtung wird stets die gleiche Rechnung durchgeführt.

a) Pfeilrechnung: $\cdot\, (-1)$

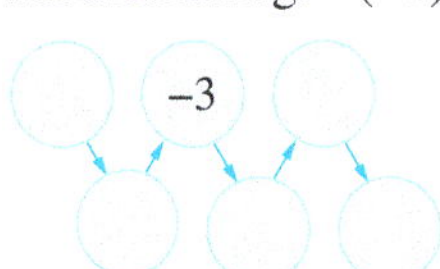

b) Pfeilrechnung: $\cdot \left(-\frac{1}{2}\right)$

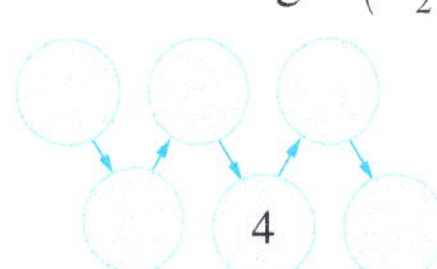

c) Pfeilrechnung: $\cdot$ ____

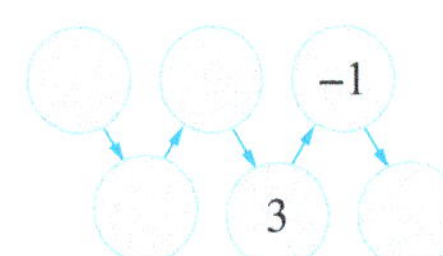

4 Setze <, > oder = so ein, dass eine wahre Aussage entsteht.

a) $-6{,}8 \cdot (-2)$ ____ 0 b) $-0{,}1 \cdot (-0{,}1)$ ____ -1 c) $0{,}2 \cdot 0{,}3$ ____ $-0{,}2 \cdot (-0{,}3)$ d) $-2 \cdot (-1)$ ____ $-0{,}5 \cdot (-2)$

5 Bilde das Produkt aller ganzen Zahlen zwischen

a) –7 und 3 ____ b) –4 und 0 ____ c) –6 und –1 ____

6 Gib einen Überschlag an.

a) $0{,}48 \cdot (-178)$ ____ b) $-798 \cdot 0{,}098 \cdot 9{,}8$ ____

c) $-98{,}9 \cdot (-10{,}9) \cdot (-8{,}97)$ ____ d) $67{,}4 \cdot (-0{,}35) \cdot 104{,}53$ ____

Potenzen rationaler Zahlen

7 Finde alle Möglichkeiten, die Zahl als Produkt zweier gleicher Faktoren zu schreiben.

a) $4 =$ ____ b) $9 =$ ____

c) $16 =$ ____ d) $1 =$ ____

8 Schreibe als Potenz.

a) $-5 \cdot (-5) \cdot (-5)$ b) $-2 \cdot 2 \cdot 2 \cdot 2$ c) $-4 \cdot (-4) \cdot (-4)$ d) $-\frac{1}{2} \cdot \left(-\frac{1}{2}\right)$

____ ____ ____ ____

Rationale Zahlen dividieren

9 Berechne.

a) $-9:(-3)=$ ____ b) $0{,}6:(-1)=$ ____ c) $-\frac{1}{2}:\left(-\frac{1}{4}\right)=$ ____ d) $-2{,}5:5=$ ____

e) $-8{,}1:(-0{,}9)=$ ____ f) $6:(-2)=$ ____ g) $-\frac{1}{4}:\left(-\frac{1}{2}\right)=$ ____ h) $60:\left(-\frac{1}{3}\right)=$ ____

i) $-2{,}5:\left(\frac{5}{2}\right)=$ ____ j) $27:\left(-\frac{9}{13}\right)=$ ____ k) $0:\left(-\frac{1}{7}\right)=$ ____ l) $\frac{3}{4}:\left(-\frac{15}{16}\right)=$ ____

10 Löse die Gleichung.

a) $-56:x=7$ b) $x:(-4)=-3$ c) $24:(-4)=x$ d) $4{,}4:x=-4$

11 Vervollständige die Divisionstabelle.

:	−3	−2	5		$-\frac{1}{3}$		−1
−6	2						
		−2					
$\frac{1}{2}$						−1	
				12			3

12 Wähle aus den Zahlen 8, −8, 1, −4, 10, 0, 14 und −2 zwei Zahlen so aus, dass sich für den Quotienten der angegebene Wert ergibt. Es kann mehrere Möglichkeiten geben.

a) ____ $=-2$ b) ____ $=0{,}1$ c) ____ $=-\frac{1}{4}$ d) ____ $=-7$

e) ____ $=-2{,}5$ f) ____ $=-0{,}2$ g) ____ $=0$ h) ____ $=-\frac{1}{2}$

13 Vervollständige die Tabelle.

x	−5	$\frac{1}{2}$	$-\frac{5}{6}$		0,2		$-\frac{3}{5}$			3,2
$-\frac{1}{x}$				2		$1\frac{1}{2}$		$-\frac{2}{7}$	−0,6	

Vielfältiges Rechnen – Rechenvorteile

14 Rechne vorteilhaft.

a) $2\cdot 3{,}79\cdot(-5)=$ ____ b) $4\cdot(-0{,}1)\cdot 25\cdot(-1)=$ ____

c) $\frac{3}{4}\cdot\left(-\frac{5}{7}\right)\cdot 4\cdot 7=$ ____ d) $-2\cdot 1{,}3\cdot 2\cdot 5=$ ____

e) $-0{,}4\cdot 1{,}3\cdot 0\cdot 25=$ ____ f) $-8\cdot(-4{,}35)\cdot\frac{1}{8}=$ ____

g) $9\cdot 17-8\cdot 17=$ ____ h) $5\cdot\frac{1}{4}\cdot\left(-\frac{2}{5}\right)=$ ____

i) $\frac{1}{2}:4-\frac{3}{4}:4=$ ____ j) $-7\cdot 0{,}2+0{,}2\cdot(-7)=$ ____

k) $9\cdot 1{,}7+9\cdot 0{,}3-9=$ ____ l) $(-2)^2+(-2)\cdot 4=$ ____

15 Setze, falls erforderlich, Klammern so, dass das Ergebnis korrekt ist.

a) $12 \cdot (-0{,}5) - 4 = -10$ **b)** $1{,}2 : 4 - 5 = -1{,}2$ **c)** $\frac{1}{4} : 1 - \frac{5}{8} = \frac{2}{3}$

d) $-0{,}25 + \frac{1}{4} : \frac{1}{4} = 0$ **e)** $\frac{1}{2} - \frac{1}{2} - \frac{1}{2} = \frac{1}{2}$ **f)** $\frac{1}{8} + \frac{1}{4} \cdot 4 - 12 = -3$

16 Ordne jeweils Rechenausdrücke zu, die zum gleichen Ergebnis führen. Verbinde jeweils mit einer geraden Linie.

$-0{,}5 \cdot 8 - \frac{1}{2} \cdot 1{,}3$	$\frac{1}{2} \cdot 8 - \frac{1}{2} \cdot \frac{1}{2}$	$3 \cdot 7 - 3 \cdot 9$	$0{,}5 \cdot 8 - 0{,}5 \cdot 1{,}3$	$-\frac{1}{4} \cdot 8 + \frac{1}{4} \cdot 16$
$(8 - 1{,}3) \cdot 0{,}5$	$(-8 + 16) \cdot \frac{1}{4}$	$\left(8 - \frac{1}{2}\right) \cdot \frac{1}{2}$	$-0{,}5 \cdot (8 + 1{,}3)$	$3 \cdot (7 - 9)$

17 Vervollständige in Ⓐ und Ⓑ den Rechenbaum. Gib den zugehörigen Term an. Löse in Ⓒ und Ⓓ die Aufgabe mithilfe eines Rechenbaums.

Ⓐ 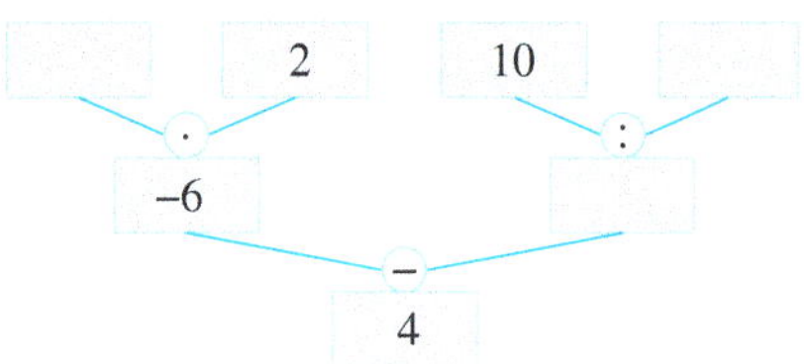

Ⓑ 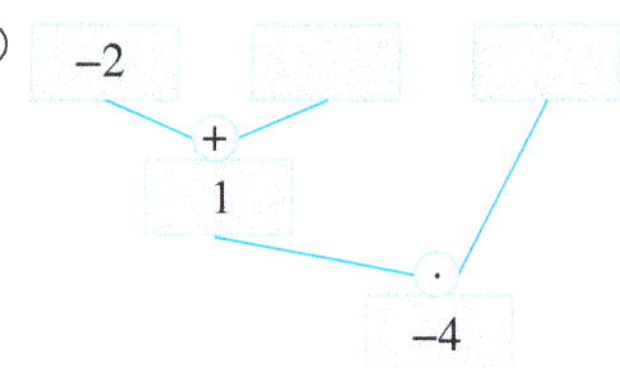

Ⓒ $\left(\frac{1}{2} + 6\right) \cdot \left(0{,}05 - \frac{1}{4}\right)$

Ⓓ $\frac{1{,}2 \cdot (-4)}{3{,}2 - 0{,}8}$

18 Löse die Klammern auf.

a) $8 \cdot (a - 7) =$ ______ **b)** $-2 \cdot (a - b) =$ ______ **c)** $4x \cdot (-3 + y) =$ ______

Taschenrechner nutzen

19 Welche Aufgabe wird unter Nutzung eines Taschenrechners mit folgender Tastenfolge gelöst? Wie lautet das Ergebnis?

a) [−] 1.5 [÷] 2 [=] [+] [(] 2.1 [×] 1.5 [)] [=] ______ ______

b) 149.292 [÷] 2.2 [÷] 3.9 [=] [−] 17.54 [=] ______ ______

c) 5.76 [−] [(] 8.8 [−] 0.79 [)] [=] [÷] 0.96 [=] ______ ______

20 Gib einen Überschlag an. Löse die Aufgabe mit deinem Taschenrechner. Runde das Ergebnis an der Hundertstelstelle.

a) $24{,}75 - 5{,}6 \cdot 13{,}9$ Ü: ______ E: ______

b) $-5{,}7 : (9{,}78 - 19{,}8)$ Ü: ______ E: ______

c) $-7{,}6 \cdot \left(-1\frac{1}{3}\right) : (-9{,}8)$ Ü: ______ E: ______

Komplexe Aufgaben

21 Auf einer Wetterstation wurden an einem Tag im Dezember die folgenden Temperaturen gemessen.

Uhrzeit	1 Uhr	4 Uhr	7 Uhr	10 Uhr	13 Uhr	16 Uhr	19 Uhr	22 Uhr
Temperatur in °C	–5	–7	–5	0	2	0	–3	

a) Ermittle die Durchschnittstemperatur, wenn die Temperatur um 22 Uhr um 8 Grad niedriger war als um 13 Uhr.

b) Angenommen, die Durchschnittstemperatur hätte –2,5 °C betragen. Welche Temperatur wäre um 22 Uhr gemessen worden?

c) In einigen Ländern, zum Beispiel in den USA, wird die Temperatur in Grad Fahrenheit (°F) gemessen. Erkundige dich nach einer entsprechenden Umrechnung aus °C und fülle die Tabelle für die Wetterstation entsprechend aus.

Uhrzeit	1 Uhr	4 Uhr	7 Uhr	10 Uhr	13 Uhr	16 Uhr	19 Uhr
Temperatur in °F							

d) In Boston (USA) betragen die durchschnittlichen Tiefsttemperaturen der Monate Februar, März und April 24 °F, 31 °F bzw. 40 °F. Welchen Temperaturen in °C entsprechen diese Werte?

22 Vervollständige die Multiplikationsmauer.

a) In die unterste Zeile sollen vier gleiche Zahlen eingesetzt werden. Wie viele Möglichkeiten gibt es?

256

b) In die farbigen Felder sollen die Zahlen -2, $-\frac{1}{4}$, $\frac{1}{8}$ und 20 so eingesetzt werden, dass in der „Mauerspitze" –120 steht.

23 Text, Term bzw. Ergebnis sollen ergänzt werden.

a) Addiere zum vierten Teil von –280 das Produkt von –6 und 0,5.

b) $(-7 + 13) \cdot \left(-\frac{1}{4}\right)$

c) Subtrahiere von der Hälfte von 0,5 das Doppelte von $\frac{3}{4}$.

d) $\frac{2}{\frac{1}{2} \cdot (-4)}$

Rationale Zahlen multiplizieren und dividieren

Kreuze gleich nach der Fertigstellung der Aufgabe an, wie du mit der Lösung der Aufgabe zurechtgekommen bist. Trage später nach dem Vergleich mit den Lösungen ein, wie viele Aufgaben du richtig gelöst hast.

1 Ergänze.

a) $8\cdot(-9)=$ ______ b) $-8\cdot(-7)=$ ______ c) $-9\cdot 9=$ ______ d) $-\frac{2}{3}\cdot\frac{6}{7}=$ ______

e) $-\frac{1}{2}\cdot\left(-\frac{4}{5}\right)=$ ______ f) $-0{,}7\cdot 0{,}2=$ ______ g) $-0{,}23\cdot(-10)=$ ______ h) $-3{,}7\cdot 0=$ ______

Rationale multiplizieren — / 8

2 Überprüfe. Gib gegebenenfalls das richtige Ergebnis an.

a) $-2\cdot 45\cdot(-5)=-450$ ______ b) $-4\cdot(-12)\cdot(-25)=-120$ ______

c) $0{,}2\cdot(-2{,}3)\cdot 0{,}5=-0{,}23$ ______ d) $-14\cdot\frac{2}{3}\cdot\left(-\frac{3}{7}\right)\cdot(-1)=-4$ ______

Rationale Zahlen multiplizieren — / 4

3 Setze <, > oder = so ein, dass eine wahre Aussage entsteht.

a) $-3{,}7\cdot 2{,}76$ ___ $5{,}5\cdot(-10)$ b) $-2\cdot\frac{3}{4}$ ___ $-30\cdot(-0{,}1)$ c) $-4\cdot\left(-\frac{3}{8}\right)$ ___ $-\frac{1}{8}\cdot(-12)$ d) $-0{,}25\cdot(-4)$ ___ $2\cdot 0{,}5$

Rationale Zahlen multiplizieren — / 4

4 Wahr (w) oder falsch (f)? Begründe jeweils deine Entscheidung.
Wenn für zwei rationale Zahlen a und b gilt $a\cdot b=-1$, dann …

a) müssen a und b verschiedene Vorzeichen haben. ______ ____________________

____

b) muss, falls $a<-1$ ist, $b>1$ sein. ______ ____________________

____

Rationale Zahlen multiplizieren — / 4

5 Berechne.

a) $(-2)^4=$ ______ b) $-2^4=$ ______ c) $(-4)^3=$ ______ d) $-4^3=$ ______ e) $\left(-\frac{2}{3}\right)^2=$ ______

f) $-2\cdot(-3)^2=$ ______ g) $16:(-2^4)=$ ______ h) $1:(-0{,}1)^2=$ ______ i) $2\cdot(-0{,}4)^2=$ ______ j) $-5\cdot\left(\frac{1}{5}\right)^2=$ ______

Potenzen rationaler Zahlen — / 10

6 Berechne.

a) $-121 : 11 =$ ____ b) $24 : (-4) =$ ____ c) $-5{,}6 : (-8) =$ ____ d) $-84 : 12 =$ ____

e) $-\frac{3}{5} : \left(-\frac{3}{10}\right) =$ ____ f) $[9 \cdot (-6)] : 2 =$ ____ g) $1\frac{1}{2} : \frac{1}{2} =$ ____ h) $22 : \left(-\frac{1}{2}\right) =$ ____

Rationalen Zahlen dividieren

/8

7 Ergänze die fehlende Zahl.

a) $-225 :$ ____ $= 15$ b) ____ $: 9 = -7$ c) $-4 :$ ____ $= 1$ d) $-(9 - 11) :$ ____ $= 1$

e) ____ $: \frac{1}{2} = 0$ f) ____ $: 0{,}5 = -2$ g) ____ $: (-0{,}3) = 9$ h) $\frac{2}{5} : \left(-\frac{3}{4}\right) =$ ____

Rationalen Zahlen dividieren

/8

8 Rechne möglichst im Kopf. Nutze Rechenvorteile.

a) $-9 \cdot (-4) \cdot \frac{1}{3} \cdot 0{,}25 =$ ____ b) $8 - 4 \cdot 3 =$ ____ c) $(8 - 4) : (-4) =$ ____

d) $5{,}3 : (-0{,}3) - 8{,}3 : (-0{,}3) =$ e) $\left(1 - \frac{2}{7}\right) : (-5) - \frac{2}{7} =$ ____ f) $\left(-\frac{3}{4} - \frac{3}{4}\right) : \left(-\frac{1}{4}\right) =$ ____

Vielfältiges Rechnen – Rechenvorteile

/6

9 Setze, falls erforderlich, Klammern so, dass eine wahre Aussage entsteht.

a) $-\ 9\ -\ 6\ :\ 5\ =\ -3$ b) $-\ 3\ -\ 0{,}5\ :\ 0{,}5\ =\ -4$ c) $-\ 5\ -\ 6\ -\ 3\ :\ 3\ =\ 0$

Vielfältiges Rechnen – Rechenvorteile

/3

10 Gib einen Überschlag (Ü) an. Berechne dann das Ergebnis (E) mit deinem Taschenrechner und runde es an der Hundertstelstelle.

a) $-607{,}89 : 59{,}72$ Ü: ____ E: ____ b) $2{,}3445 \cdot (-3{,}45)$ Ü: ____ E: ____

c) $\frac{29{,}9}{2{,}7 \cdot (-9{,}8)}$ Ü: ____ E: ____ d) $\frac{19{,}56 - 9{,}78}{-4{,}93}$ Ü: ____ E: ____

e) $\frac{-59{,}2}{99{,}76 - 112{,}11}$ Ü: ____ E: ____ f) $2{,}9^2 - \frac{9{,}78}{-4{,}83}$ Ü: ____ E: ____

Taschenrechner nutzen

/12

Solltest du bei Aufgaben noch weiteren Übungsbedarf haben, dann schau in der Ausgangsdiagnose nach, welches Angebot dir zu dem jeweiligen Thema zur Verfügung steht.

S. 30, 31 ←

Zahl gesucht

Katja merkt sich eine Zahl. Wenn man diese Zahl verdoppelt, davon –2 subtrahiert, das Ergebnis durch $\frac{1}{2}$ dividiert und dann mit –2,5 multipliziert, so erhält man –5. Wie heißt die Zahl, die sich Katja gemerkt hat?

____

____

Rechenschlange

Ergänze.

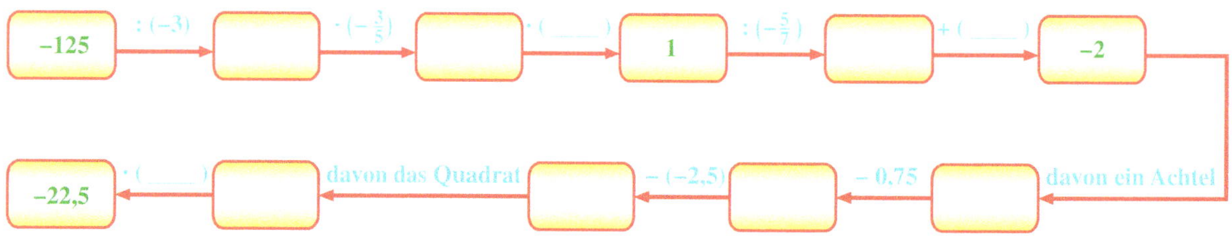

Zahlenfolgen

Erkenne jeweils die Vorschrift der Zahlenfolge und ergänze.

a)	3	–6	9	–12											45
b)	–7	–9	–6	–8	–5									–3	
c)	0,25	0,5	–0,5	–1	–2								–47		
d)	3	5	–5	–3	3	5									

Mathematisches Kreuzworträtsel

0 Bedeutender griechischer Mathematiker der Antike (um 624 bis 547 v. Chr.)
Nach ihm wurde ein Satz benannt, in dem es um rechtwinklige Dreiecke geht.

1 Grundrechenoperation
2 deutsches Wort für „subtrahieren“
3 Zahlen, die durch Multiplikation natürlicher Zahlen größer 0 mit sich selbst entstehen
4 Zahl, durch die man nicht dividieren darf
5 Teil einer Subtraktionsaufgabe
6 Rechengesetz

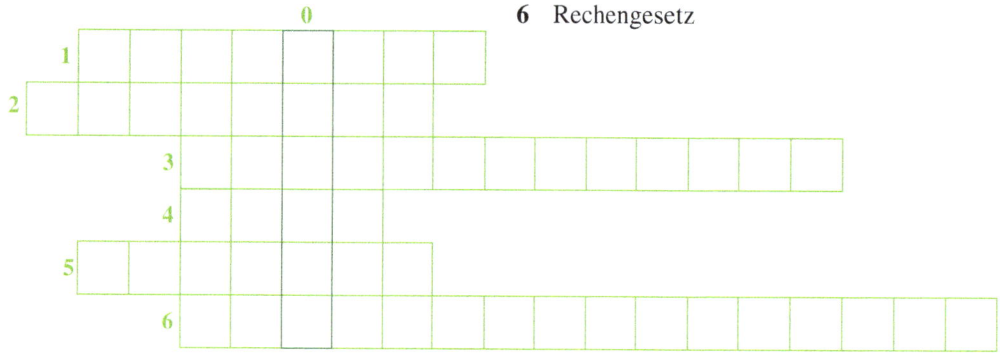

Symbolrechnen

Gleiche Symbole bedeuten gleiche Zahlen, gleiche Buchstaben bedeuten gleiche Ziffern.

Ⓐ −11 · ○ = 121

○ · (−17) = □ ____

□ − 121 = ✧ ____

✧ : (−33) = ☆ ____

☆ · ☆ = ☺ ____ ____

Ⓑ Es gilt L = 1 und O = 2. Weiterhin treten alle Ziffern von 0 bis 9 mindestens einmal auf.

```
  ROSE
+ TULPE
 BLUME
```

R ____; S ____; E ____; T ____;

U ____; P ____; M ____; B ____

Ⓒ □ · □ − ○ = 8,5

☆ : ○ + □ = 51 □ ____

□ · □ · □ = −27

○ + □ + □ = −5,5 ○ ____

☆ + □ + ☆ = 51

○ : ○ − □ = 4 ☆ ____

Kniffliges

Ⓐ Bilde das Produkt aus der Summe und aus der Differenz der Zahlen −8 und 4 und subtrahiere den Quotienten aus den gegebenen Zahlen.

____

Ⓑ Welche der Figuren muss logischerweise an der Stelle des Fragezeichens stehen?

Ⓒ Von drei rationalen Zahlen x, y und z sei genau eine Zahl Null, eine Zahl größer als Null und eine Zahl kleiner als Null.
Außerdem gilt $x = y^2\,(y^2 + z^2)$.
Welche der drei Zahlen ist Null, welche Zahl ist größer als Null und welche kleiner als Null? Begründe.

____

____

____

____

____

Zahlendreieck

Fülle die Leerstellen mit den Zahlen −9, −8, −7, …, −2 so aus, dass sich an jeder Dreiecksseite als Summe der vier Zahlen der Wert −17 ergibt.

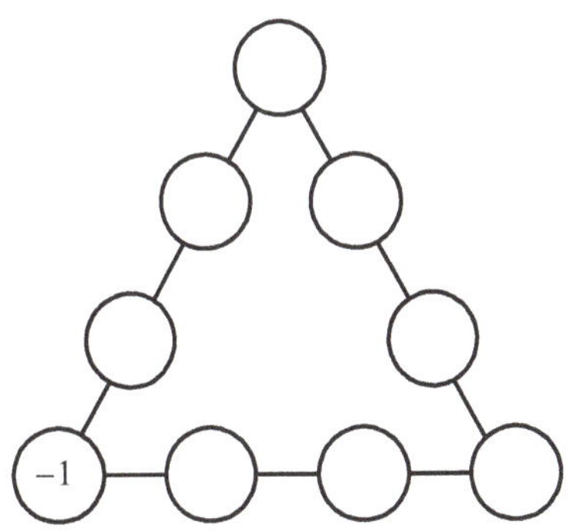

Zahlenquadrate

Bei magischen Quadraten hat die Summe der Zahlen in den Zeilen und Spalten sowie diagonal stets den gleichen Wert und wird oft „magische Zahl“ genannt.

Ⓐ Trage die Zahlen −4, −3, −2, −1, 0, 1, 2, 3 und 4 so ein, dass die magische Zahl Null ist.

Ⓑ Ergänze zum magischen Quadrat.

	−10	−5
−8		−4
		−9

	$-\frac{1}{4}$	1
$1\frac{1}{4}$	$\frac{1}{4}$	$-\frac{3}{4}$

$-\frac{1}{2}$		
2,3	0,7	
0,3	−0,1	

Ⓒ Setze die Zahlen −2, −2, 1, 2, 3, 4, 5, 5 und 5 so ein, dass wahre Aussagen entstehen.

8	:		−	5	=	−9
−		+		:		
	−	5	:		=	4
·		:		·		
	−		+	4	=	
=		=		=		

Ⓓ Im Beispiel sind die Werte der Summen entlang der Quadratseiten jeweils −12.

−1	−5	−6
−8		−4
−3	−7	−2

Ordne die Zahlen so um, dass die Werte der Summen entlang jeder Quadratseite −13 werden.

Mathematik mit Hölzchen

In jeder Gleichung ist ein Hölzchen so umzulegen, dass mithilfe römischer Zahlzeichen eine richtig gelöste Aufgabe entsteht.

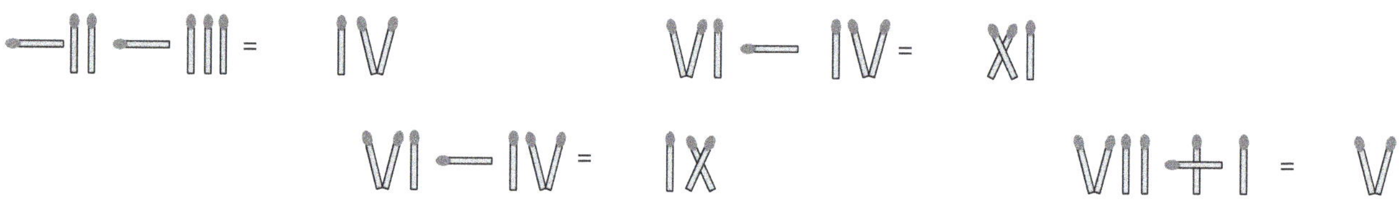

Historisches

Von Leonhard Euler (1707 – 1783) sollen die folgenden Aufgaben stammen.

Ⓐ Zwei Bäuerinnen besitzen zusammen 100 Eier. Die erste sagt: „Wenn ich die Anzahl meiner Eier durch acht teile, bleibt ein Rest von sieben.“ Da erwidert die zweite: „Wenn ich die Anzahl meiner Eier durch zehn teile, verbleibt auch ein Rest von 7.“ Wie viele Eier besitzt jede Bäuerin? Gibt es mehrere Lösungen?

Ⓑ Die Zahl 25 ist so in zwei Summanden zu zerlegen, dass der größere Summand 49-mal so groß ist wie der kleinere Summand.

ETWAS ANDERE AUFGABEN

Kreuzzahlrätsel

Ist das Ergebnis negativ, ist das Vorzeichen jeweils in das Kästchen der Ziffer mit dem größten Stellenwert zu schreiben.

Ⓐ waagerecht:

① $-3 \cdot \frac{2}{3} - 9$

③ $\left(-\frac{1}{2}\right)^3 : \frac{1}{8} + 3 \cdot 7$

④ $-2 : \frac{2}{3} - 9$

⑤ $-4^2 : 0{,}5$

⑥ $(-11)^2$

senkrecht:

① $3 \cdot \left(\frac{2}{3} - 4\right)$

② $\left(-4 - \frac{3}{4}\right) \cdot (-4) + 13$

③ $(-5)^3 + 2 \cdot 163$

④ $(-0{,}3 - 0{,}9) : 0{,}1$

⑤ $-\frac{2}{7} \cdot 15 \cdot 7 - 1$

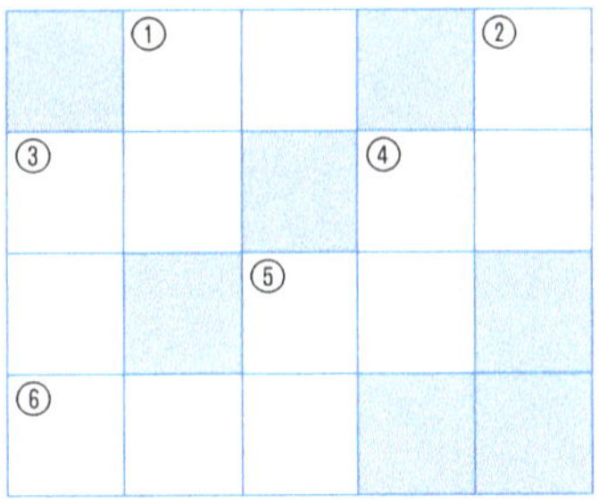

Ⓑ waagerecht:

① Dividiere die Summe der Zahlen −45 und −25 durch $\frac{1}{2}$.

③ Addiere zum Dreifachen von −1,2 das Vierfache der Summe aus 25 und −13,6.

⑤ Addiere zum Quotienten der Zahlen −16 und −2 die Zahl 8.

⑥ Vermindere das Produkt aus 16 und −11 um −16.

senkrecht:

① Subtrahiere vom Produkt der Zahlen 12 und −8 die Summe der Zahlen 53 und −8.

② $-6 \cdot (-7)$

④ $(-4)^2 : \frac{1}{10}$

⑤ Bilde das Doppelte des Doppelten von −4.

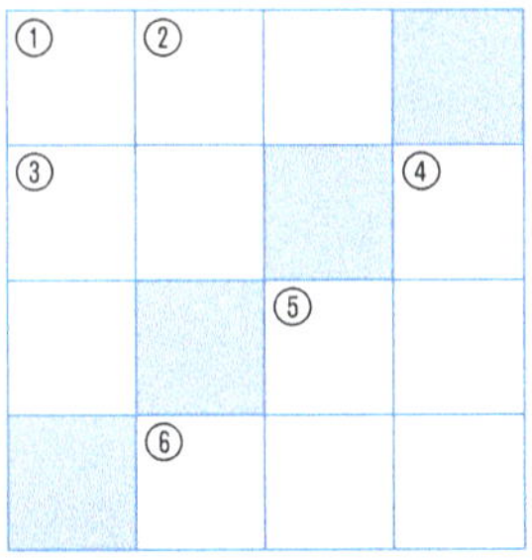

Mit klarem Blick

Du kannst dir eine Schablone mit der vorgegebenen Form anfertigen. Du kannst diese Form aber auch in dem gegebenen Raster umranden.

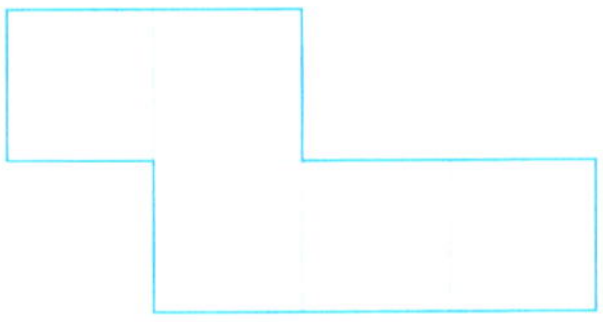

Innerhalb dieser Form muss die Summe der fünf Zahlen den Wert −20 ergeben. Finde mindestens vier Möglichkeiten.

		$-2 \cdot 3$	-3^2	-2		
	-5	-2	-3	-1^2	-2	
-4	-6	-3	-1	-5	-3	-2
-8	-1	-7	-5	-5	-3	-7
	-5	$6 \cdot (-1)$	-1	$(-2)^3$	-1	
		-2^2	$3 : (-1)$	$2 - 4$		

„Nüsse" knacken

① Wenn man von einer Zahl −30 subtrahiert, so ist die Differenz gleich der Summe aus −28 und −32. Wie heißt die Zahl?

② Die Zahl −45 ist so in fünf Summanden zerlegt, dass sie sich nacheinander um 1 unterscheiden. Gib die fünf Summanden an.

③ Gib alle natürlichen Zahlen x an, für welche der Wert des Terms $\frac{x+9}{x-9}$ eine positive ganze Zahl ergibt.

Rationale Zahlen

Kreuze gleich nach der Fertigstellung an, wie Du mit der Lösung der Aufgabe zurechtgekommen bist. Trage nach dem Vergleich mit den Lösungen ein, wie viele Aufgaben Du richtig gelöst hast.

1 Verwende für die Erfüllung der folgenden Aufträge das gegebene Koordinatensystem.

a) Welche der Punkte A bis G liegen im II. Quadranten?

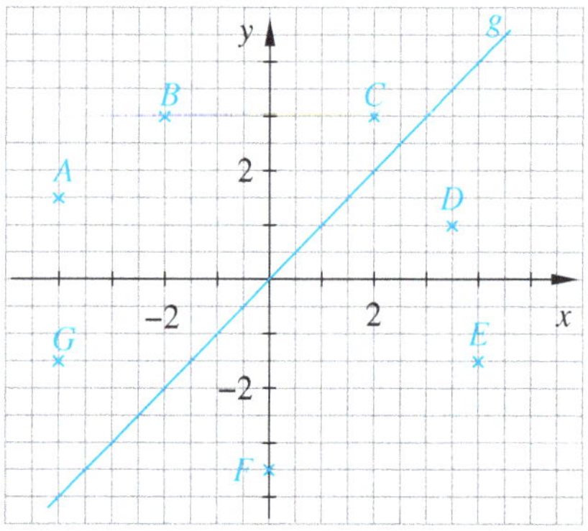

b) Gib die Koordinaten der Punkte A bis G an.

c) Markiere vier Punkte P_1 bis P_4 auf der Geraden g und gib deren Koordinaten an. Was fällt dir auf?

Koordinatensystem — 14

2 Ordne die Zahlen der Größe nach. Beginne mit der kleinsten Zahl.

a) 3,2; −9; −2,5; 1,2; −2,05; −3

b) $2,\overline{3}$; −2,78; 2,3; −2,8; −3; −2,07

c) 7,5; $-\frac{2}{3}$; $1\frac{1}{8}$; 2; −5; −2,9; −4; 99; −1

Rationale Zahlen vergleichen und ordnen — 6

3 Gib alle ganzen Zahlen an, welche die angegebene Bedingung erfüllen.

a) $-2 < x \leq 3$

b) $-5 \leq x < 0$

c) $-7 \leq x \leq -3$

d) $|x| < 6$

Rationale Zahlen vergleichen und ordnen — 8

4 Wahr (w) oder falsch (f)? Korrigiere, wenn erforderlich.

a) Die Zahl −10 ist der Vorgänger von −11.

b) Im Bereich der rationalen Zahlen kann man uneingeschränkt subtrahieren.

Zahlenbereiche — 2

GESAMTDIAGNOSE

5 Bilde die Summe aller ganzen Zahlen …

a) zwischen −5 und 5 ______ **b)** zwischen −4 und 7 ______ **c)** zwischen −4 und 1 ______

d) zwischen −9 und −1 ______ **e)** zwischen −7 und 3 ______ **f)** zwischen −302 und −299 ______

Rationale Zahlen addieren

/ 6

6 Berechne.

a) $-7{,}2 + (-2{,}1) =$ ______ **b)** $0{,}4 - (1{,}2 - 2) =$ ______ **c)** $-4 - 3{,}3 =$ ______ **d)** $18 - (-12) + 2 =$ ______

e) $2{,}5 - (-4 + 2{,}5) =$ ______ **f)** $-\frac{3}{4} - \frac{3}{8} =$ ______ **g)** $-\frac{1}{2} - \left(-\frac{3}{4}\right) =$ ______ **h)** $-\frac{2}{3} - \left(\frac{1}{3} - \frac{2}{9}\right) =$ ______

i) $\frac{1}{2} - 1\frac{1}{3} =$ ______ **j)** $-(-0{,}5) - \frac{1}{4} =$ ______ **k)** $-7{,}7 - 2{,}7 + 5{,}7 =$ ______ **l)** $-\frac{2}{5} - \left(-0{,}4 + \frac{5}{6}\right) =$ ______

Rationale Zahlen addieren und subtrahieren

/ 12

7 Vervollständige die Tabelle.

a	b	c	$a+b$	$b-c$	$a-(b+c)$	$-a-b-c$	$-a-(-b-c)$
−2,5	−2	0,5					
−6	1	−2					
−4	2					1,25	

Rationale Zahlen addieren und subtrahieren

/ 15

8 Setze <, > oder = richtig ein.

a) $2{,}5 - (2{,}5 - 2{,}5)$ ___ $2{,}5$ **b)** $-0{,}4 - (-0{,}7 - 2{,}3)$ ___ $-(0{,}4 + 3)$ **c)** $\frac{1}{2} - \left(\frac{1}{2} - \frac{1}{4}\right)$ ___ $-\frac{1}{4}$

d) $3{,}2 - (-2{,}4 - 0{,}5)$ ___ $3{,}2 + 1{,}6$ **e)** $0{,}4 - \frac{1}{2}$ ___ $\frac{1}{2} - 0{,}4$ **f)** $-4 + \frac{3}{4}$ ___ $4 + \left(-\frac{3}{4}\right)$

Rationale Zahlen addieren und subtrahieren

/ 6

9 Berechne.

a) $-2{,}2 \cdot (-3) =$ ______ **b)** $-2 \cdot (-0{,}1) \cdot (-2) =$ ______ **c)** $81 : (-9) =$ ______ **d)** $-2{,}1 \cdot \left(-\frac{1}{3}\right) =$ ______

e) $-1 \cdot (-4{,}5) \cdot 2 =$ ______ **f)** $\frac{1}{2} \cdot \left(-\frac{4}{5}\right) =$ ______ **g)** $(-3)^2 : 6 =$ ______ **h)** $0{,}5 \cdot \left(-\frac{1}{2}\right) =$ ______

i) $\frac{3}{4} : \left(-\frac{3}{8}\right) =$ ______ **j)** $16 : (-0{,}2) =$ ______ **k)** $-3{,}6 : (-0{,}4) =$ ______ **l)** $-7 : (-4 \cdot 70) =$ ______

Rationale Zahlen multiplizieren und dividieren

/ 12

10 Beantworte die Fragen.

a) Welche Zahl muss man halbieren, um −1,7 zu erhalten? ______

b) Welche Zahl muss man zum Produkt aus 2 und −7 addieren, um −28 zu erhalten? ______

c) Welche Zahl muss man verdoppeln, um −7 zu erhalten? ______

Rationale Zahlen multiplizieren und dividieren

/3

11 Setze <, > oder = richtig ein.

a) $-5 \cdot 3$ ___ $45 : (-3)$

b) $2 \cdot (-10)$ ___ $-4 \cdot 10$

c) $-\frac{1}{5}$ ___ $-\frac{1}{5} : (-5)$

d) $-\frac{1}{2} \cdot 3$ ___ $-1 : \left(-\frac{1}{3}\right)$

e) $-3 \cdot (-2 + 7{,}2)$ ___ $-3 \cdot 7{,}2$

f) $\frac{2}{3} : \left(-\frac{4}{9}\right)$ ___ $-\frac{2}{3} \cdot \left(-\frac{9}{4}\right)$

Rationale Zahlen multiplizieren und dividieren

/6

12 Berechne. Nutze Rechenvorteile.

a) $-6 - 9 : 3 =$ ______

b) $(4 - 16) \cdot (-3) =$ ______

c) $-12 \cdot 0{,}9 + 0{,}9 \cdot 2 =$ ______

d) $7 \cdot (-0{,}5) \cdot \frac{2}{7} =$ ______

e) $-235 + 678 + 35 - 28 =$ ______

f) $-4{,}2 \cdot \frac{1}{6} - 1{,}8 \cdot \frac{1}{6} =$ ______

g) $1 : 3 - 5 : 3 =$ ______

h) $\frac{3}{4} - 6 : 8 - 0{,}5 =$ ______

i) $0{,}5 - 0{,}5 : (-0{,}25) =$ ______

Vielfältiges Rechnen – Rechenvorteile

/9

13 Berechne für $a = -1$, $b = -1$ und $c = 1$ den Wert des Terms. Welcher Term hat den kleinsten Wert?

① $5a - b + 4c$ ______; ② $-3 \cdot (b - c)$ ______; ③ $2b^2 + 5c - a$ ______;

④ $a + b : c$ ______; ⑤ $-a - b - 5c$ ______ ______

Vielfältiges Rechnen – Rechenvorteile

/6

14 Gib einen Überschlag (Ü) an. Löse mit einem Taschenrechner. Runde das Ergebnis (E) an der Zehntelstelle.

a) $-23 - 127{,}9 \cdot 19{,}23 - 7{,}6$ Ü: ______ E: ______

b) $-21{,}67 : (-3{,}78 + 0{,}487)$ Ü: ______ E: ______

Taschenrechner

/4

Solltest du bei Aufgaben noch weiteren Übungsbedarf haben, dann schau in den Ausgangsdiagnosen nach, welches Angebot dir zu dem jeweiligen Thema zur Verfügung steht.

S. 8, 9; S. 14, 15; S. 22, 23; S. 30, 31 ←

Woran erkenne ich die mathematische Struktur eines Terms?

Die binomischen Formeln sind ein Spezialfall der Multiplikation von zwei Summen.

Wie berechne ich den Wert eines Terms?

Wie vereinfache ich einen Term?

Um die Sprache der Mathematik zu beherrschen, ist ein sicherer Umgang mit Termen erforderlich.

Terme und Gleichungen

Wie erstelle ich aus Texten Terme oder Gleichungen?

Gleichungen können durch Äquivalenzumformungen gelöst werden.

Wie stelle ich eine Formel um?

Diese Inhaltsübersicht soll dir helfen, schnell zu erfassen, welche Zusammenhänge und Begriffe mit dem Thema verbunden sind. Du kannst und solltest die Übersicht auch nach deinen eigenen Vorstellungen erweitern bzw. ergänzen, sodass sie dir auch bei der Bearbeitung der Aufgaben nützlich sein kann.

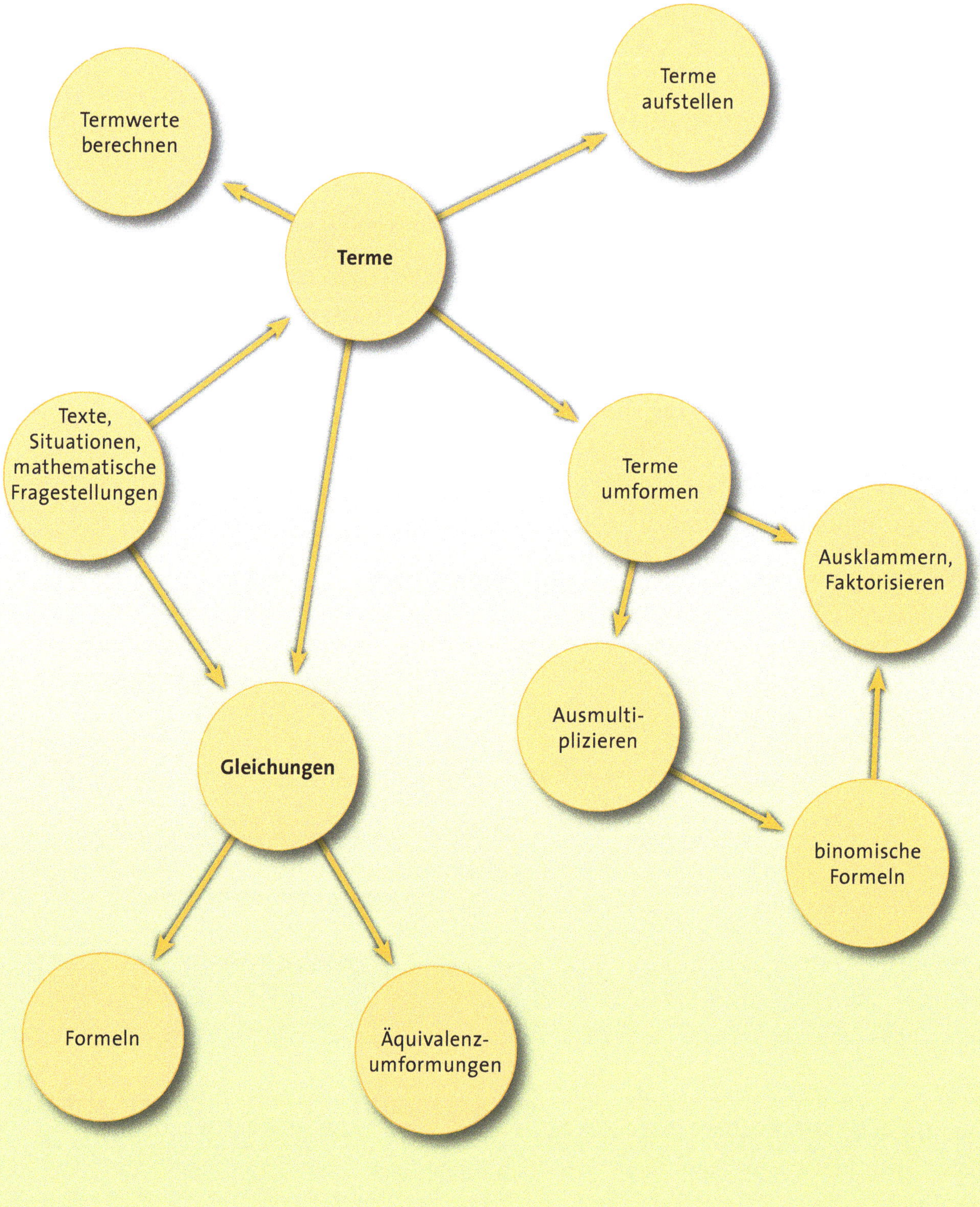

Inhalt	Beispiel
Oft ist es wichtig, aus mathematischen Zusammenhängen in Texten oder Situationen Terme oder auch Gleichungen aufzustellen.	Lea ist zwei Jahre jünger als Tim. x stehe für Tims Alter; Leas Alter: $x - 2$ x stehe für Leas Alter; Tims Alter: $x + 2$ Wird die Anzahl verdoppelt, ergibt das 64. $2 \cdot x = 64$
Bei Termen mit Variablen kann der Wert des Terms nach Einsetzen von Zahlen für die Variablen berechnet werden.	Setzt man in den Term $-3x + 14$ für x die Zahl 5 ein, ist der Wert des Terms $-3 \cdot 5 + 14 = -1$
Vielfache gleicher Variablen (Variablenterme) können zusammengefasst werden, indem die Vielfachen addiert werden.	$3x + 9x = 12x$ $15a + a = 16a$ $6c^2 + 2c - 3c^2 = 3c^2 + 2c$
Steht vor einer Klammer ein Minus, schreibt man ohne Klammer, jedoch den Term aus der Klammer mit den entgegengesetzten Zeichen.	$3 - (7x + 4 - 2y) = 3 - 7x - 4 + 2y$ $2a - (-5 - b + b^2) = 2a + 5 + b - b^2$
Beim Multiplizieren von Termen können Produkte gleicher Variablen als Potenzen geschrieben werden.	$2x \cdot (6xy) = (2 \cdot 6) \cdot (x \cdot x) \cdot y = 12x^2y$
Das Ausmultiplizieren ist eine Anwendung des Distributivgesetzes.	$7 \cdot (x + 4) = 7 \cdot x + 7 \cdot 4 = 7x + 28$ $2x \cdot (3x + 8) = 2x \cdot 3x + 2x \cdot 8 = 6x^2 + 16x$
Werden zwei Summen miteinander multipliziert, gilt: Jeder Summand der einen Klammer wird mit jedem Summanden der anderen Klammer multipliziert. Spezialfälle sind die binomischen Formeln. $(a + b)^2 = a^2 + 2ab + b^2$ $(a - b)^2 = a^2 - 2ab + b^2$ $(a + b)(a - b) = a^2 - b^2$	$(2x + 2) \cdot (x + 4) = 2x^2 + 8x + 2x + 8 = 2x^2 + 10x + 8$ $(2x + 4)^2 = 4x^2 + 16x + 16$ $(7 - 3x)^2 = 49 - 42x + 9x^2$ $(2x - 4y)(2x + 4y) = 4x^2 - 16y^2$
Das Ausklammern (Faktorisieren) ist eine Anwendung des Distributivgesetzes. Gemeinsame Faktoren der Summanden werden außerhalb von Klammern geschrieben.	$5x + 15 = 5 \cdot x + 5 \cdot 3 = 5 \cdot (x + 3)$ $12x^2 - 6x + 3xy = 3x \cdot 4x - 3x \cdot 2 + 3x \cdot y = 3x\,(4x - 2 + y)$
Bei Äquivalenzumformungen von Gleichungen wird auf beiden Seiten der Gleichung die gleiche Rechnung ausgeführt Beim Lösen von Gleichungen wird so umgeformt, dass der Wert der Variablen direkt abgelesen werden kann.	$4x - 5 = 19 + x \quad \mid -x$ $4x - x - 5 = 19 + x - x$ $3x - 5 = 19 \quad \mid +5$ $3x = 24 \quad \mid :3$ $x = 8$
Formeln sind Gleichungen mit mehreren Variablen. Formeln können wie Gleichungen umgeformt werden.	Eine Formel für den Umfang des Rechtecks wird nach a umgeformt: $u = 2\,(a + b) \quad \mid :2$ $0{,}5u = a + b \quad \mid -b$ $0{,}5u - b = a$

Vorwissen

	Aufgabe	w	f	Bemerkungen oder richtige Lösungen	Richtig gelöst? ✓
1	Jana ist 3 Jahre älter als ihr 7-jähriger Bruder. Alter von beiden zusammen: $7 + 3$				
	Ein Handy kostet 5 € Grundgebühr monatlich. Im Mai kamen 19 SMS (je 8 Ct) dazu und 83 min Telefonate (6 Ct pro min). Monatsbetrag: $5 + 19 \cdot 0{,}08 + 83 \cdot 0{,}06$				
	Am 1. Tag einer Radtour wurden 40 km gefahren, am 2. Tag 3 km weniger, am 3. Tag die doppelte Strecke des 1. Tages. Gesamtstrecke: $1 \cdot 40 + 2 \cdot 40 - 3 + 3 \cdot 2 \cdot 40$				
	12 € Taschengeld pro Monat werden in einem Jahr um 2 € erhöht. Taschengeld nach zwei Jahren insgesamt: $12 \cdot 12 + 12 \cdot 2$				
	Ein Kinobesuch kostet für Kinder 3,50 €, für Erwachsene 1 € mehr. Familie Berg (2 Eltern, 3 Kinder) geht ins Kino. Gesamtbetrag für den Eintritt: $3 \cdot 3{,}50 + 2 \cdot 4{,}50$				
	Sachaufgaben			S. 50, Nr. 1, 2, 3	←
2	$3 \cdot (-2) = -6$				
	$12 - 26 = -14$				
	$-7 + 3 = -10$				
	$-3 - 9 = -12$				
	$-8 : (-4) = -2$				
	Mit ganzen Zahlen rechnen			S. 50, Nr. 4 ,5	←
3	$3 + 4 \cdot 9 = 63$				
	$8 + 17 + 2 = 8 + 2 + 17$				
	$3 \cdot 2 + 3 \cdot 7 = 63$				
	$6 \cdot 17 + 6 \cdot 3 = 6 \cdot (17 + 3)$				
	$17 - 9 = 9 - 17$				
	Rechengesetze			S. 51, Nr. 6, 7	←

geübt?

geübt?

geübt?

AUSGANGSDIAGNOSE

Aufgabe	w	f	Bemerkungen oder richtige Lösungen	Richtig gelöst? ✓

4

Multipliziere 12 mit 7; Term: 12 : 7				
Differenz aus 29 und 3; Term: 29 – 3				
Summe aus dem Dreifachen von 16 und dem Produkt aus 7 und 9; Term: $3 + 16 + 7 \cdot 9$				
Produkt aus der Summe von 19 und 7 und der Differenz dieser beiden Zahlen; Term: $19 + 7 \cdot 19 - 7$				
Dividiere die Zahl 17 durch das Doppelte ihres Nachfolgers; Term: $17 : (2 \cdot 18)$				
Differenz aus dem Quotienten aus 8 und 2 und dem Produkt aus 17 und 4; Term: $8 : 2 - 17 \cdot 4$				

Terme bilden S. 51, Nr. 8 ←

geübt?

5

Wenn man bei $(8 + 7) \cdot 3$ die Klammern weglässt, bleibt das Ergebnis gleich.				
$(7 + 4) \cdot (3 - 2) = 7 + 4 \cdot 3 - 2$				
$17 - (8 + 3) = 12$				
$(2 - 4) \cdot (18 - 7) = -22$				
$3 \cdot (12 - 9 - (8 + 6)) = -3$				

Mit Klammern rechnen S. 51, Nr. 9, 10 ←

geübt?

6

①
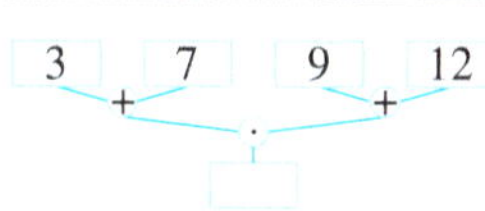

②
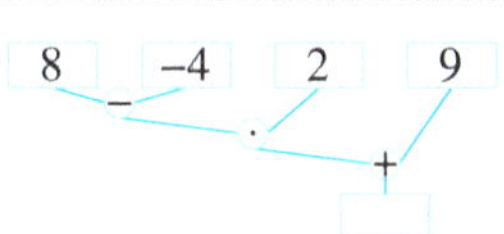

① bedeutet $(3 + 7) \cdot (9 + 12)$.				
② bedeutet $8 - (-4) \cdot 2 + 9$.				
① ist eine Summe aus zwei Produkten.				
Das Ergebnis aus ② ist 33.				
Tauscht man bei ② Mal und Plus, ist das Ergebnis 72.				

Rechenbäume und Termstrukturen S. 51, Nr. 11 ←

geübt?

Vorwissen

Basisaufgaben

Sachaufgaben

1 Marc bekommt 15 € Taschengeld pro Monat. Eric bekommt 4 € mehr. Wie lange müssen sie sparen, um sich gemeinsam eine Spielkonsole für 150 € kaufen zu können?

Sie müssen zusammen ____ Monate lang sparen.

2 Max (12 Jahre alt) verrät das Alter seiner Verwandten mit einem Rätsel: „Meine Schwester ist 2 Jahre jünger als die Hälfte meines Alters. Mein Bruder und ich sind zusammen 18 Jahre alt. Meine Mutter ist 9 Jahre älter als das Doppelte meines Alters. Mein Vater ist in 2 Jahren dreimal so alt wie ich jetzt. Gib das Alter seiner Familienmitglieder an.

Schwester ____ Jahre; Bruder ____ Jahre;

Mutter ____ Jahre; Vater ____ Jahre

3 Lina und Tina haben in den Ferien gearbeitet. Zusammen ergaben sich 90 Stunden. Lina: „Ich habe doppelt so viele Stunden wie Tina gearbeitet". Wie viele Stunden hat jedes Mädchen gearbeitet?

Lina ____ Stunden; Tina ____ Stunden

Mit ganzen Zahlen rechnen

4 Markiere die Rechenaufgaben farbig, bei denen das Ergebnis eine negative Zahl ist. Berechne dann die Ergebnisse. Wie viele Aufgaben musst du rechnen?

$3 \cdot (-2)$ $12 - 6$ $-22 + 3$ $5 - 8$ $18 - 13$ $-14 : 2$ $-7 \cdot 3$

$5 \cdot 3$ $-11 + 7$ $-7 \cdot (-6)$ $-3 - 12$ $-3 + 9$ $-9 + 7$

$-12 : 2$ $-21 + 4$ $13 - 18$ $8 \cdot (-7)$ $14 : 7$ $-32 : -16$ $16 : (-4)$

Es sind ____ Aufgaben zu rechnen: ____

5 Finde für die Addition, Subtraktion und Multiplikation jeweils mindestens ein Beispiel von Aufgaben mit drei ganzen Zahlen, bei denen auch verschiedene Vorzeichen vorkommen, sodass das Ergebnis positiv ist.

Rechengesetze

6 Berechne. Achte auf Punkt- vor Strichrechnung.

a) $12 + 18 \cdot 3 =$ ____________ b) $75 + 15 : 3 =$ ____________

c) $8 + 5 \cdot 9 - 7 =$ ____________ d) $20 - 7 + 12 : 4 =$ ____________

7 Klammere aus, falls ein Rechenvorteil daraus entsteht, und berechne.

a) $11 \cdot 18 + 11 \cdot 12 =$ ____________ b) $3 \cdot 7 + 3 \cdot 10 =$ ____________

c) $15 \cdot 18 + 15 \cdot 22 =$ ____________ d) $8 \cdot 17 + 8 \cdot (-7) =$ ____________

e) $7 \cdot 10 + 7 \cdot 8 =$ ____________ f) $13 \cdot 12{,}5 + 13 \cdot 7{,}5 =$ ____________

Terme bilden

8 Schreibe den entsprechenden Term auf.

a) Quotient aus 24 und 8 ____________; Summe aus 16 und −7 ____________;

Differenz aus −3,4 und 2,7 ____________; Produkt aus 0,5 und −9 ____________

b) Produkt aus 12 und der Summe aus −8 und 2 ____________

Quotient aus der Differenz von 3,5 und 7 und −4 ____________

Mit Klammern rechnen

9 Berechne.

a) $3 \cdot (8 - 11) =$ ____________ b) $(5 - 7)(22 - 9) =$ ____________

c) $28 - (12 + 32) =$ ____________ d) $(22 - 7) : (-12 + 17) =$ ____________

e) $-6 \cdot (20 + 3) - (4 - 7) =$ ____________ f) $96 : (-5 - 7) - 16 : 2 =$ ____________

10 Setze Klammern so, dass das Ergebnis möglichst groß wird.

a) $3 + 5 \cdot 7 - 9 =$ ________ b) $7 + 7 + 3 \cdot 8 =$ ________ c) $6 + 6 \cdot 6 - 6 =$ ________

d) $20 : 5 \cdot 4 + 7 =$ ________ e) $-18 - 12 - 7 + 3 =$ ________ f) $1 - 2 - 3 - 4 =$ ________

Rechenbäume und Termstrukturen

11 Schreibe zu jedem Rechenbaum den zugehörigen Term auf und berechne.

a) 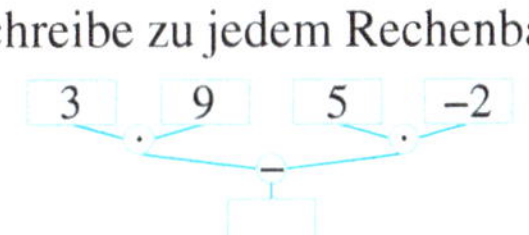

b) 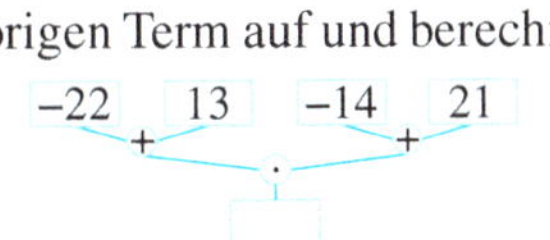

c) 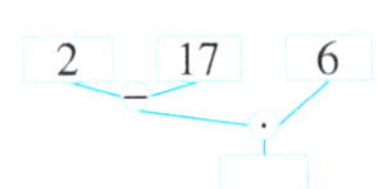

____________ ____________ ____________

____________ ____________ ____________

Vorwissen

Kreuze gleich nach der Fertigstellung der Aufgabe an, wie du mit der Lösung der Aufgabe zurechtgekommen bist. Trage später nach dem Vergleich mit den Lösungen ein, wie viele Aufgaben du richtig gelöst hast.

1 Beantworte die Frage aus dem Text..

a) Anton hat dreimal so viele CDs wie Erkan. Zusammen haben sie 36 Stück. Wie viele CDs hat Erkan?

Erkan hat ____ CDs.

b) Die Klasse 7c fährt auf eine 7-tägige Klassenfahrt. Pro Kind werden 237 € eingesammelt. Davon sind 60 € für die Busfahrt, 135 € für Unterkunft und Verpflegung. Den Restbetrag bekommt jeder auf die 7 Tage verteilt als Taschengeld ausgezahlt. Wie hoch ist das Taschengeld pro Tag?

Pro Tag gibt es ____ € Taschengeld.

c) Greta ist 12 Jahre alt. Ihre Schwester ist 3 Jahre jünger, ihr Bruder doppelt so alt wie Greta es vor 5 Jahren war. Wie alt sind die drei zusammen?

Zusammen sind sie ____ Jahre alt.

Sachaufgaben ☹ 😐 🙂 😀 /5

2 Markiere die Aufgaben mit dem Ergebnis 9 rot, dem Ergebnis –9 grün, dem Ergebnis 12 gelb und dem Ergebnis –12 blau.

$-99:(-11)$ $12-21$ $21-12$ $-3\cdot(-4)$ $6\cdot(-2)$ $-38+47$

$-72:8$ $-9-3$ $-96:8$ $-50+62$ $-38+29$ $96:8$

Mit ganzen Zahlen rechnen ☹ 😐 🙂 😀 /12

3 Überprüfe. Korrigiere, falls erforderlich.

a) $2\cdot(20+15)=2\cdot 20+15$ ____

b) $173+258+77=173+77+258$ ____

c) $12+(7\cdot 8)=12+7\cdot 8$ ____

d) $18\cdot 23-18\cdot 13=18(23+13)$ ____

e) $9\cdot 27+23\cdot 9=9(27+23)$ ____

f) $12\cdot 3-7\cdot 2=36-14$ ____

g) $18+7\cdot(-3)+14=18-21+14$ ____

h) $45-39:3=6:3$ ____

Rechengesetze ☹ 😐 🙂 😀 /8

4 Schreibe den zum Text passenden Term.

a) Produkt aus 7 und der Summe aus 11 und 20 ______________________

b) Quotient aus 80 und 4 ______________________

c) das Produkt aus 7 und 9 um 13 vermehren ______________________

d) Differenz aus 77 und dem Produkt aus 8 und 9 ______________________

e) Produkt aus der Summe von 12 und 3 und der Differenz aus 21 und 14 ______________________

Terme bilden — /5

5 Setze Klammern so, dass das Ergebnis 0 ist.

a) 78 − 12 + 66 b) 29 − 22 + 9 + 2 c) 17 · (−2) + 8 − 6 d) 29 − 13 + 17 − 1

e) 30 − 10 − 20 : 5 f) 8 · (−2) − 6 + 64 g) −7 + 15 : 2 − 4 h) 12 − 18 + 4 + 10

Mit Klammern rechnen — /8

6 Ordne jeder Aufgabe einen passenden Rechenbaum zu und fülle die Leerstellen aus.

① $-3 \cdot (8 + 20)$ ________ ② $(15 - 12) \cdot 7$ ________ ③ $8 \cdot 5 - 7 \cdot 9$ ________

④ $(-19 + 8)\,(12 - 7)$ ________ ⑤ $(6 + 8) \cdot 2 + 9$ ________ ⑥ $(6 - 21) : 5 - 6$ ________

Ⓐ

Ⓑ

Ⓒ
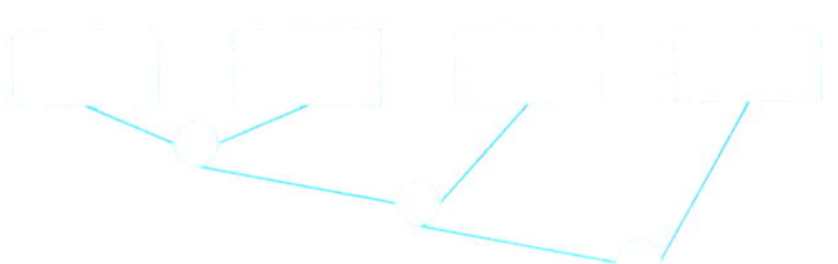

Ⓓ

Ⓔ

Ⓕ

Rechenbäume und Termstrukturen — /6

Solltest du bei Aufgaben noch weiteren Übungsbedarf haben, dann schau in der Ausgangsdiagnose nach, welches Angebot dir zu dem jeweiligen Thema zur Verfügung steht.

S. 48, 49 ←

Terme aufstellen und berechnen

Texte zu Aufgabe 1:

① Marek ist 4 Jahre älter als seine Schwester. Sein Vater ist dreimal so alt wie er. Die Variable x steht für Mareks Alter.

② Im Alter von 10 Jahren bekommt Ellis pro Monat einen bestimmten Betrag x Taschengeld in €. Jedes Jahr erhöht sich das Taschengeld automatisch um einen gleich bleibenden Betrag y in €.

Zeichnung zu Aufgabe 2:

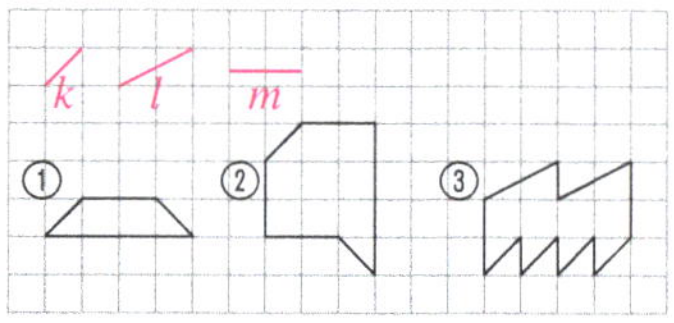

	Aufgabe	w	f	Bemerkungen oder richtige Lösungen	Richtig gelöst? ✓
1	Der Term $x + 4$ gibt für ① das Alter von Mareks Schwester an.				
	Der Term $x + 3$ steht bei ① für das Alter von Mareks Vater.				
	Nach ① beträgt der Altersunterschied zwischen Schwester und Vater $2x + 4$ Jahre.				
	Nach ① sind Marek, seine Schwester und sein Vater zusammen $3x + x + x - 4$ Jahre alt.				
	Der Term $12x$ gibt für ② an, wie viel Taschengeld Ellis im ersten Jahr bekommt.				
	Nach ② bekommt Ellis Bruder pro Monat 7 € mehr als Ellis. Also kann man mit dem Term $x - 7$ berechnen, wie viel er bekommt.				
	Wenn der Term $x + 3y$ für ② angibt, wie viel Taschengeld Ellis nach drei Jahren bekommt, steht x für den Betrag, um den sich das Taschengeld jährlich erhöht.				

Terme aus Sachsituationen S. 56, Nr. 1, 2, 3 ←

geübt?

	Aufgabe	w	f	Bemerkungen oder richtige Lösungen	Richtig gelöst? ✓
2	Mit dem Term $2k + 3m$ kann man den Umfang von ① berechnen.				
	Mit dem Term $2k + 10m$ kann man den Umfang von ② berechnen.				
	Mit dem Term $4m + 2l + 4k$ kann man den Umfang von ③ berechnen.				
	Der Umfang von ② ist um $2m$ größer als der Umfang von ①.				
	Wenn man ① an der längsten Seite spiegelt, beträgt der Umfang der neuen Figur $4k + 6m$.				

Terme aus geometrischen Zusammenhängen WWW 054-1 S. 56, Nr. 4, 5 ←

geübt?

Nr.	Aufgabe	w	f	Bemerkungen oder richtige Lösungen	Richtig gelöst? ✓
3	das Dreifache von x um 2 vermindert; Term: $3x - 2$				
	Differenz aus x und 4; Term: $x - 4$				
	das 5-fache aus der Summe von x und 23; Term: $5x + 23$				
	Produkt aus x und seinem Nachfolger; Term: $x \cdot (x - 1)$				
	Summe aus dem Doppelten von x und dem Vierfachen von y; Term: $2x + 4y$				
	Terme aus mathematischen Texten			S. 57, Nr. 6 ←	geübt?
4	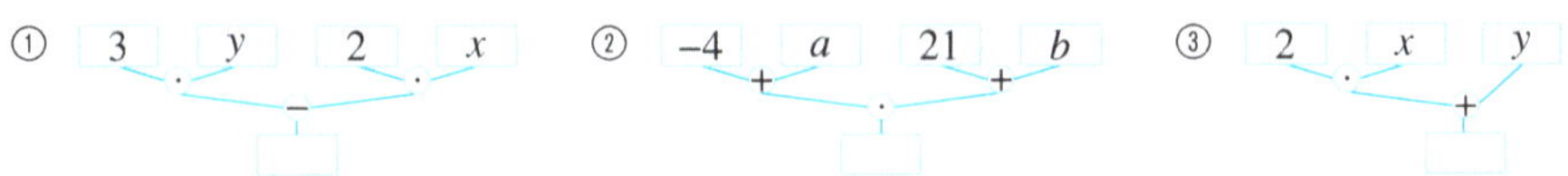				
	Der Term zu ① lautet $3y - 2x$.				
	Der Term zu ① ist ein Produkt.				
	Der Term zu ② lautet $-4 + a \cdot 21 + b$.				
	Der Term zu ③ kann für die Berechnung des Umfangs eines gleichschenkligen Dreiecks benutzt werden.				
	Beim Term zu ③ ist es erforderlich, Klammern zu setzen.				
	Rechenbäume und Terme			www 055-1 S. 57, Nr. 7 ←	geübt?
5	Für $x = 4$ gilt $5x + 4 = 24$.				
	Für $x = 7$ gilt $3\,(x - 3) = 18$.				
	Der Wert des Terms $2x - y$ beträgt 0, wenn x die Hälfte von y ist.				
	Der Wert des Terms $2x - 6$ ist positiv, wenn x größer als 3 ist.				
	Termwerte berechnen			www 055-2 S. 57, Nr. 8 ←	geübt?

Hast du alles richtig gemacht bzw. hast du entsprechend geübt, solltest du auf jeden Fall auch komplexe Aufgaben lösen, bevor du dich dem nächsten Thema widmest.

S. 57, Nr. 9 ←

geübt?

Terme aufstellen und berechnen

Basisaufgaben

Terme aus Sachsituationen

1 Vervollständige die Tabelle.

Situation	Term	Bedeutung von x	Bedeutung des Terms
Klara ist 2 Jahre jünger als ihre Schwester.	$x+2$		
Markus bekommt doppelt so viel Taschengeld wie Ingo.	$2x$		
Der Verein A hat 3 Mitglieder mehr als der Verein B.		Anzahl der Mitglieder von Verein A	
Tim spart jeden Monat $\frac{1}{10}$ seines Taschengeldes.			Geld, das übrig bleibt

2 Ina gibt das Alter ihrer Verwandten in Abhängigkeit von ihrem Alter (x) an. Schreibe jeweils den Term auf.

Meine Großmutter ist viermal so alt wie ich. ______

Mein Bruder ist so alt wie ich vor fünf Jahren war. ______

Meine Schwester ist halb so alt, wie ich in drei Jahren sein werde. ______

3 a steht für das Taschengeld in € von Anna, b steht für das Taschengeld in € von Bert und c für das Taschengeld in € von Chris. Was bedeutet der angegebene Term?

a) $2b$ ______

b) $a-4$ ______

c) $a-b$ ______

d) $a+b+c$ ______

Terme aus geometrischen Zusammenhängen

4 Gib jeweils einen Term für die Umfänge der Figuren an.

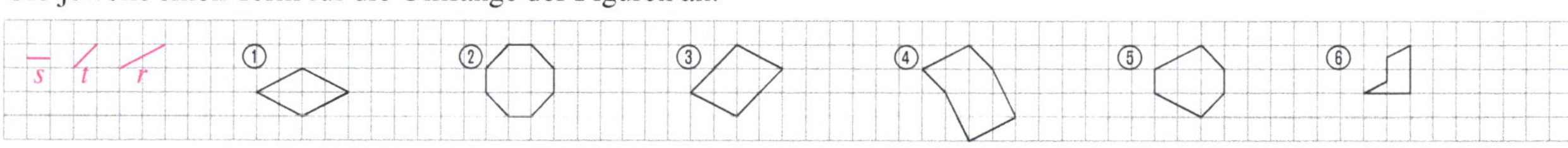

① ______ ② ______ ③ ______ ④ ______ ⑤ ______ ⑥ ______

5 Welcher Term beschreibt jeweils die gesamten Kantenlängen der Körper?

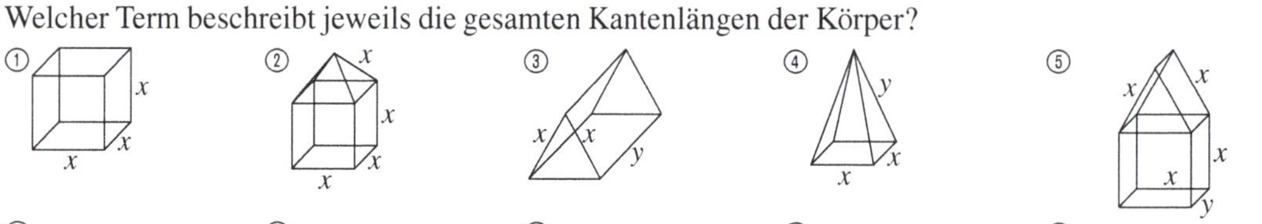

① ______ ② ______ ③ ______ ④ ______ ⑤ ______

Terme aus mathematischen Texten

6 Welcher Term gehört zu welchem Text?
Ⓐ das Vierfache von x; Ⓑ die Hälfte von x um 7 vermindert; Ⓒ Summe von y und dem Vierfachen von x;
Ⓓ Differenz aus dem Vierfachen von x und der Hälfte von y; Ⓔ Produkt aus x und y um 4 erhöht;
Ⓕ Differenz aus dem Quotienten von x und y und dem Vierfachen von x

① $y + 4 + x$; ② $\frac{1}{2}x - 7$; ③ $\frac{x}{y} - 4x$; ④ $yx + 4$; ⑤ $4x$; ⑥ $4x - \frac{1}{2}y$; ⑦ $4x + \frac{1}{2}y$; ⑧ $\frac{x}{y} + 4x$;
⑨ $y + 4x$; ⑩ $yx - 4$; ⑪ $4 + x$

Rechenbäume und Terme

7 Schreibe den zugehörigen Term auf.

a) 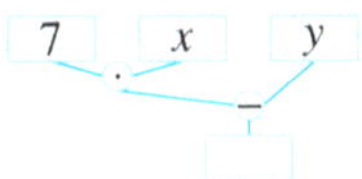

b) 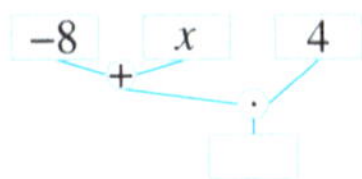

c) 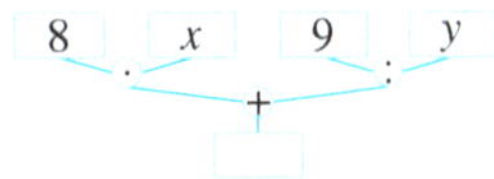

d) 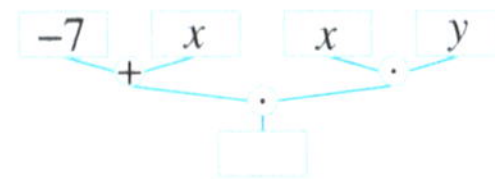

Termwerte berechnen

8 Bestimme den Termwert.

a) Term: $a - 3$ für $a = 7$

b) Term: $2a + 4$ für $a = -1$

c) Term: $\frac{1}{3}a - 2a$ für $a = 24$

d) Term: $7(a - 2)$ für $a = -4$

e) Term: $a + 3b - 3$ für $a = 7$; $b = -1$

f) Term: $8a - 10b$ für $a = \frac{1}{4}$; $b = \frac{1}{5}$

g) Term: $3a(-5 + 3b)$ für $a = -4$ und $b = 3$

Komplexe Aufgabe

9 Aus dem Term $8x - 72$ wird das monatliche Taschengeld in € der Geschwister Rick (9 Jahre alt), Sina (11 Jahre alt) und Pepe (14 Jahre alt) berechnet, und zwar, indem für x das Alter des Kindes jeweils eingesetzt wird. Der Einfachheit halber gehen wir davon aus, dass alle drei Kinder am 1. Januar geboren wurden

a) Stelle eine Übersicht auf, aus der hervorgeht, wie viel Geld die Eltern monatlich in diesem Jahr und in den folgenden Jahren für das Taschengeld ihrer Kinder ausgeben.

b) Berechne, wie viel Geld die Eltern nach vier Jahren für Taschengeld insgesamt ausgegeben haben.

Terme aufstellen und berechnen

Kreuze gleich nach der Fertigstellung der Aufgabe an, wie du mit der Lösung der Aufgabe zurechtgekommen bist.
Trage später nach dem Vergleich mit den Lösungen ein, wie viele Aufgaben du richtig gelöst hast.

1 Vervollständige die Tabelle.

Situation	Term	Bedeutung von x	Bedeutung des Terms
Karl hat für die Hausaufgaben 45 min länger gebraucht als Otto.	$x + 45$		
Oles mp3-Player hat 3-mal so viel Speicherplatz wie Tims.		Speicherplatz von Oles mp3-Player	
Maren hat im Test halb so viele Punkte wie Justin. Sie entdeckt einen Fehler in der Korrektur und bekommt noch 2 Punkte.			Anzahl der Punkte von Maren
Lena war vor 3 Jahren doppelt so alt wie Franzi es heute ist.	$2x + 3$		

Terme aus Sachsituationen

/ 8

2 Gib den Umfang der Figur mit einem Term an.

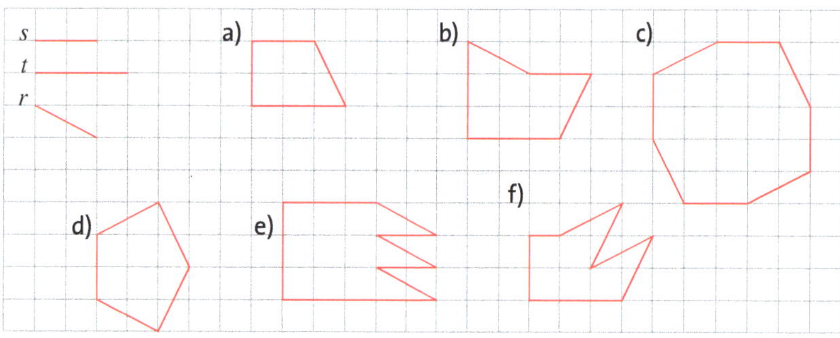

a) ______

b) ______

c) ______

d) ______

e) ______

f) ______

Terme aus geometrischen Zusammenhängen

/ 6

3 Gib die gesamte Kantenlänge des Körpers als Term an.

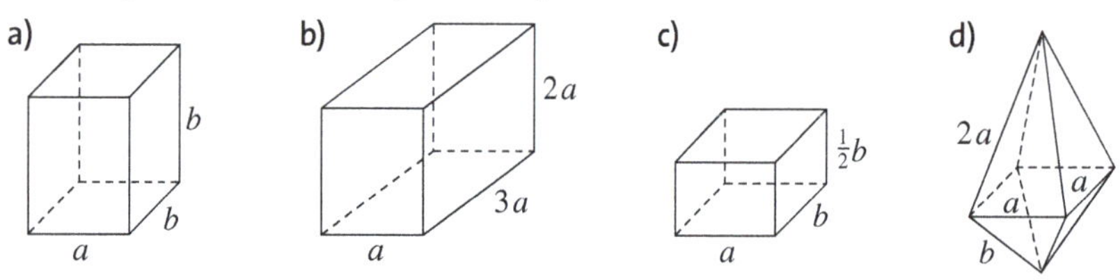

a) ______

b) ______

c) ______

d) ______

Terme aus geometrischen Zusammenhängen

/ 4

4 Vervollständige.

Term	Wortformulierung
$12x$	
	die Summe aus x und dem Dreifachen von x
	der Quotient aus dem Zwölffachen von x und 4
$7x-3$	
	das Produkt aus x und der Differenz von 17 und x
$\frac{1}{2}x-5y$	

Terme aus mathematischen Texten

/6

5 Erstelle zu dem Term einen Rechenbaum.

a) $3x+7y$

b) $-8(x-4)$

c) $(8-x)(-y+x)$

Rechenbäume und Terme

/3

6 Berechne den Termwert.

a)

x	Term	Wert
-4	$2(x+12)$	
9	$-3x-16$	
$\frac{1}{2}$	$-10x+16$	
-9	$13-x$	

b)

x	y	Term	Wert
-3	6	$6x+5y$	
8	-2	$-x+12y+3$	
$\frac{1}{2}$	-3	$8x+2y-2$	
$\frac{1}{3}$	$\frac{1}{4}$	$-9x+16y$	

Termwerte berechnen

/8

Solltest du bei Aufgaben noch weiteren Übungsbedarf haben, dann schau in der Ausgangsdiagnose nach, welches Angebot dir zu dem jeweiligen Thema zur Verfügung steht.

S. 54, 55 ←

Terme umformen

	Aufgabe	w	f	Bemerkungen oder richtige Lösungen	Richtig gelöst? ✓
1	$3m + 4m = 7m$				
	$19x - 8x + 7 = 8x + 7$				
	$8p + 7n = 15pn$				
	$27b - 12b - 15b = 0$				
	$k + 7x - 7k = k$				
	$21r + 3s + 7s - 16r = 5r + 10s$				
	$18x - 18 = 0$				
	Zusammenfassen			S. 62, Nr. 1, 2	←
2	$3 \cdot 7x = 21x$				
	$28x : 4 = 24x$				
	$72y : 8 = 9$				
	$-7 \cdot 8r \cdot 2r = -112r^2$				
	$x \cdot x \cdot y = 2xy$				
	$-4{,}5a \cdot 4b = 18ab$				
	$-x \cdot (-3y) = 3xy$				
	Terme multiplizieren und dividieren			S. 62, Nr. 3, 4, 5; S. 63, Nr. 6	←
3	$8x - (4x - 2) = 4x + 2$				
	$7a + (3a - 4a) = 6a$				
	$18 - (7m + 3 - 7m + 15) = 0$				
	$3c - (8 + 3c) = 6c - 8$				
	$12p - 23q + (23q - 12p) = 24p - 46q$				
	$32x + (27 + 32x) = 27$				
	$(3m + 2n) - (2n + 3m) = 0$				
	Terme mit Klammern			S. 63, Nr. 7, 8	←

geübt?

geübt?

geübt?

AUSGANGSDIAGNOSE

	Aufgabe	w	f	Bemerkungen oder richtige Lösungen	Richtig gelöst? ✓
4	$3(x+7) = 3x+7$				
	$5x - 12xy = x(5 - 12y)$				
	$4a(-a-7) = 4a - 28a$				
	$3r + 6rs - 12r^2 = 3r(1 + 2s - 4r)$				
	$mn - 3n = n(m-3)$				
	$-2(x - xy) = -2x - 2xy$				
	Ausmultiplizieren und ausklammern			S. 63, Nr. 9, 10; S. 64, Nr. 11, 12, 13, 14	←
5	$(x+3)(7+y) = 7x + xy + 10 + 3y$				
	$(3x-7)(x+3) = 3x^2 + 9x - 7x - 21$				
	$(7a+3)(4-2a) = 28a - 6a$				
	$(m+3)(m-4) = m + 3m - 4$				
	$(x-y)(-y-x) = y^2 - x^2$				
	$(a-3)(b-3) = ab - 3a - 3b - 9$				
	Summen multiplizieren			www 061-1 S. 64, Nr. 15, 16; S. 65, Nr. 17, 18	←
6	$(9+x)^2 = 18 + 18x + x^2$				
	$(2x-y)^2 = 4x^2 + 4xy - y^2$				
	$(7x-3y)^2 = 49x^2 - 42xy + 9y^2$				
	$(-x-y)^2 + y = x^2 + 2xy + y^2$				
	$81p^2 - 16 = (9p+8)(9p-8)$				
	$9 + 3y + y^2 = (3+y)^2$				
	$x^2 + 10x + 25 = (x+5)^2$				
	$2a^2 + 4ab + 2b^2 = (2a+2b)^2$				
	$(4a-12b)(4a+12b) = 16a^2 - 144b^2$				
	Binomische Formeln			S. 64, Nr. 19, 20, 21, 22	←

geübt?

geübt?

geübt?

Terme umformen

Basisaufgaben

Zusammenfassen

1 Markiere die Terme farbig, bei denen noch zusammengefasst werden kann und fasse diese dann so weit wie möglich zusammen.

$3x - 4x$ $4a + 8y$ $-a - 7a$ $7ab - 8a$ $8s - 7$ $-2xy + 12xy$

$6x^2 - 4x$ $5a^2 - 6b + 81a^2$ $1{,}4x + 7 + 2{,}6x$ $a + 8b + 3b$

$4m - 7n + 8m + 3n$ $16a^2 - 17b + 16a - 15b^2$ $2x + 6y$ $x^2 - x$

2 Ergänze die „Termmauer“ durch Addition benachbarter Terme.

a)

$4x + 7$			
$4x$	7	x	3

b)

x	$2y$	-3	$-2x$

c)

		$-8x + 5y - 4$	
$6x$	$-2y + 3$	$-8x$	

Terme multiplizieren und dividieren

3 Vereinfache.

a) $6x \cdot 4 =$ ______ b) $3x \cdot (-6) =$ ______ c) $28xy : 7 =$ ______ d) $-17x \cdot 3y =$ ______

e) $-9x \cdot (-8y) =$ ______ f) $144x^2 : 24x =$ ______ g) $\frac{1}{2}m \cdot \frac{1}{2}n =$ ______ h) $27x : 27y =$ ______

4 Ergänze die „Termmauer“ durch Multiplikation benachbarter Terme.

a)

x	5	4	y

b)

a	-2	2	$-ab$

c)

	$-2y$	$2x$	
x	y		

5 Ergänze.

a) ___ $\cdot 7x = 21$ b) ___ $\cdot 5 = 15x$ c) $20x :$ ___ $= 4x$ d) $-8 \cdot$ ___ $= 24xy$

e) ___ $: (-3) = 9y$ f) $\frac{1}{2}x \cdot$ ___ $= 12x^2$ g) ___ $: 4 = \frac{1}{2}xy$ h) $2x \cdot$ ___ $= 6x^2y$

i) ___ $\cdot 5x = x^2$ j) $\frac{3}{2}y \cdot$ ___ $= 4x^2$ k) $\frac{5}{8}y^2 :$ ___ $= -y$ l) ___ $: \left(-\frac{2}{9}a\right) = \frac{1}{2}x$

6 Gib einen vereinfachten Term für den Flächeninhalt des Rechtecks an. Die Teilstrecken der Rechteckseiten sind jeweils gleich lang.

a) 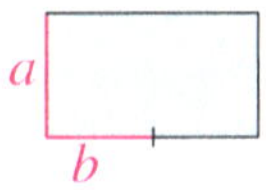

$A =$ ______

b) 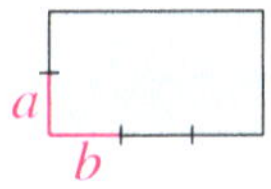

$A =$ ______

c) 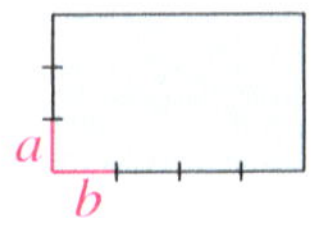

$A =$ ______

d) 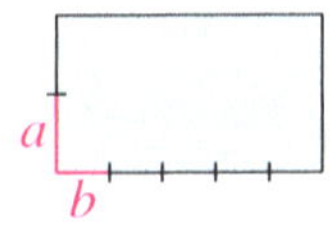

$A =$ ______

Terme mit Klammern

7 Markiere die Terme farbig, bei denen die Klammern entscheidend für das Ergebnis sind, löse dann die Klammern auf und fasse so weit wie möglich zusammen.

$17x - (5 + 2x + 3)$ $\quad 8x + (9x - 7)$ $\quad -2x - (3x - 7 - 2x)$ $\quad 3x - (12x + 7y)$

$3 \cdot (x \cdot y) \cdot 4$ $\quad -(6a - 3c) + (4a - 7c)$ $\quad 3 - (7a + 4b^2 - 15 - 3b) - b^2$ $\quad 18a - 7 + (14 + a)$

______

______

______

8 Setze Klammern so, dass der Wert des Terms 0 ist.

a) $7x - 4x + 3x$ **b)** $3y - 5x + 2y - y + 5x$ **c)** $5z - 3z - 4z + 6z$

d) $6x - 6y + 6x + 6y$ **e)** $3b + 7 - 6 + 1 - 3b$ **f)** $-8 - a - 3a + 5 - 4a - 3$

Ausmultiplizieren und ausklammern

9 Unter den folgenden Termen befinden sich fünf Paare äquivalenter Terme. Finde die Paare und markiere sie jeweils mit der gleichen Farbe.

$5(x - 7)$ $\quad -35 + 5x$ $\quad -7xy + 35x$ $\quad -5x(y + 7)$ $\quad -35 - 5x$ $\quad 35x + 7x$

$-5(7 - x)$ $\quad 5x - 35$ $\quad 5x - 7x$ $\quad -5xy - 35x$ $\quad 7x(-5x + 1)$

$-5xy - 35$ $\quad -35x^2 + 7x$ $\quad -x(7y - 35)$ $\quad -7xy - 35x$

10 Markiere die Terme farbig, bei denen ausgeklammert werden kann, und faktorisiere diese dann.

$18x + 6 - 9y$ $\quad -12x + 9$ $\quad 28x + 15$ $\quad 2x^2 + 8xy - x$

$49y - 21x$ $\quad \frac{1}{2}x - \frac{1}{2}y + \frac{1}{2}$ $\quad 32 + 49x^2$ $\quad 7x - 11$

$-27x^2 - 81xy + 24y^2$ $\quad \frac{1}{2}a^3 + 19a^2$ $\quad -14x^2 + 7y - 13xy$ $\quad \frac{1}{7}a - \frac{2}{7}b$

______

______

______

______

11 Ergänze.

a) $4x - 8 = \_\_\_ (2x - 4)$ b) $-2a + 18b = \_\_\_ (a - 9b)$ c) $6x^2 - 9x = \_\_\_ (2x - 3)$

d) $24xy - 16x^2 - 32x = \_\_\_ (3y - 2x - 4)$ e) $-z + 3z^2 = \_\_\_ (1 - 3z)$ f) $48x^2y - 36xy = \_\_\_ (4xy - 3y)$

12 Gib für den Flächeninhalt der Gesamtfläche wie im Beispiel ein Produkt und eine Summe an. Die Teilstrecken bei den jeweiligen Rechteckseiten sind gleich lang.

Beispiel: 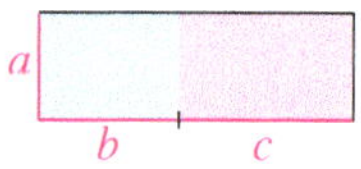

$A = a\,(b + c) = ab + ac$

a) 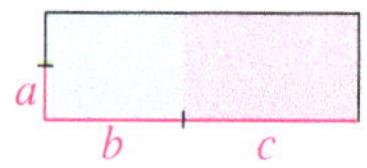

$A =$ ____________

b) 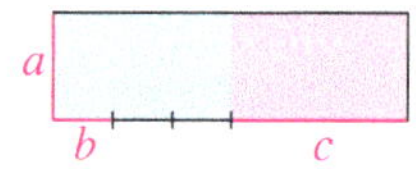

$A =$ ____________

c) 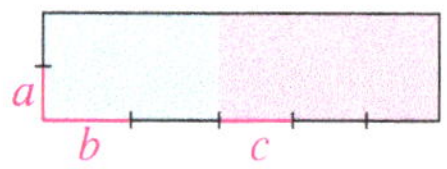

$A =$ ____________

d) 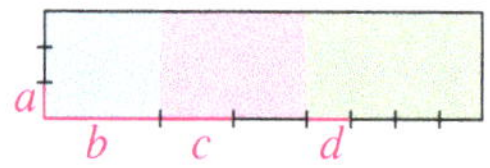

$A =$ ____________

e) 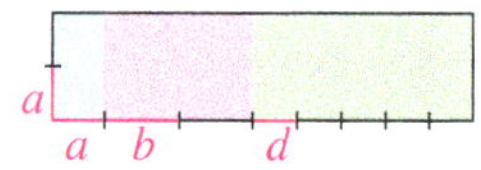

$A =$ ____________

13 Löse die Klammern auf.

a) $-3\,(5x - 2) =$ ____________ b) $8(-2x + 3y) =$ ____________

c) $-5\,(x - 4y) =$ ____________ d) $5x(12 + 9y) =$ ____________

e) $-9y\,(-4x - 6y) =$ ____________ f) $\frac{1}{2}(32x + 14) =$ ____________

g) $6b\,(5a - 12b - 10ab) =$ ____________ h) $-8a\,(-a - 6b + 12) =$ ____________

14 Ergänze.

a) $3\,(\_\_\_ + 7) = 3xy + \_\_\_$ b) $12x + \_\_\_ = 4\,(\_\_\_ + 24)$ c) $\_\_\_ (3y - 7) = -18y^2 + \_\_\_$

d) $\_\_\_ (-6 + \_\_\_) = 24 - 16x^2$ e) $20x^2y - \_\_\_ = xy\,(\_\_\_ - 1)$ f) $-45x + 15xy = \_\_\_ (\_\_\_ - 3y)$

Summen multiplizieren

15 Finde zu jedem 1. Faktor den passenden 2. Faktor und das dazu passende Ergebnis. Verbinde diese jeweils mit geraden Linien.

1. Faktor	·	2. Faktor	=	Ergebnis
$(3x + 4)$		$(4x - 7)$		$-8x^2 + 23x - 14$
$(3y + 2x)$		$(6x - 7)$		$-9x + 2xy + 12y - 63$
$(5y - 8)$		$(-6 - x)$		$18x^2 + 3x - 28$
$(-2y - 9)$		$(2y - 9)$		$-36x - 8xy + 14y + 63$
$(8x - 7)$		$(6 + 2x)$		$-2x^2 - 12x - 3xy - 18y$
$(6 + x)$		$(2 - x)$		$-16x + 10xy + 30y - 48$

16 Ergänze Rechenzeichen in den Klammern so, dass sich nach dem Multiplizieren die angegebene Summe ergibt.

a) $(x \quad 7) \cdot (6 \quad y) = 6x - xy + 42 - 7y$ b) $(-2x \quad 3) \cdot (-5 \quad y) = 10x + 2xy + 15 + 3y$

c) $(3x \quad 8) \cdot (-4 \quad 2x) = -12x - 6x^2 - 32 - 16x$ d) $(-x \quad 4) \cdot (3 \quad x) = x^2 + 12 - 7x$

e) $(5 \quad x \quad 2y) \cdot (7 \quad y) = 35 - 5y - 7x + xy + 14y - 2y^2$ f) $(-7x \quad 3y) \cdot (3x \quad y \quad x^2) = 7x^3 - 3x^2y - 21x^2 + 16xy - 3y^2$

17 Löse die Klammern auf.

a) $(4a-7)(b+3)=$ ______ b) $(-8a-b)(a-11)=$ ______

c) $(a+7)(2a-7)=$ ______ d) $\left(\frac{1}{2}x+3y\right)(10x+4)=$ ______

e) $(-3x+4)(-7-6y)=$ ______ f) $(8-x)(-5+9x)=$ ______

g) $(2x-9)(-x+3y-5)=$ ______ h) $(-6a-2b)(3a-4b-12)=$ ______

18 Ergänze.

a) $(x+3)(2-\_\_\_)=\_\_\_-xy+\_\_\_-3y$ b) $(\_\_\_+x)(7+\_\_\_)=28+11x+x^2$

c) $(\_\_\_-\_\_\_)(-2x+y)=-12x+\_\_\_+2xy-\_\_\_$ d) $(-3x+\_\_\_)(\_\_\_-4)=3x^2+\_\_\_-xy-4y$

e) $(\_\_\_-2x)(3x+\_\_\_)=15xy+30y-\_\_\_-\_\_\_$ f) $(\_\_\_-\_\_\_)(8x-3y)=-24x+\_\_\_-72x^2+\_\_\_$

Binomische Formeln

19 Untersuche, ob sich zum Faktorisieren der Terme binomische Formeln anwenden lassen. Unterstreiche rot, wenn sich die erste binomische Formel anwenden lässt, blau, wenn sich die zweite, grün, wenn sich die dritte binomische Formel anwenden lässt. Faktorisiere dann die unterstrichenen Terme mit der entsprechenden binomischen Formel.

$9x^2+24x+16$ $16x^2+24x+36$ $36x^2-12x+1$ $49-112y+64y^2$
$x^2-12x+36y^2$ $81x^2-y^2$ y^2-y+1 $9x^2-64$
$36x-49$ $x^2+4xy+4y^2$ $6x^2+6xy+y^2$ $-144-9y^2$

______

______

______

20 Überführe mithilfe der binomischen Formeln in Summen.

a) $(x-7)^2=$ ______ b) $(2x+6)^2=$ ______

c) $(x-4y)^2=$ ______ d) $(6x-3)(6x+3)=$ ______

e) $(9-3x)^2=$ ______ f) $(10x+8y)^2=$ ______

g) $(5-4x)(5+4x)=$ ______ h) $(x+1)^3=$ ______

21 Ergänze.

a) $(5x+\_\_\_)^2=\_\_\_+20x+4$ b) $(6-\_\_\_)^2=36-\_\_\_+4y^2$

c) $(\_\_\_-4y)^2=9x^2-\_\_\_+\_\_\_$ d) $36b^2-\_\_\_=(\_\_\_-7)(\_\_\_+\_\_\_)$

e) $1+\_\_\_+y^2=(\_\_\_+\_\_\_)^2$ f) $64x^2-\_\_\_+\_\_\_=(\_\_\_-3y)^2$

22 Löse die Klammern auf. Beginne wie im Beispiel: $(x+4)^3=(x+4)^2\cdot(x+4)=\ldots$

a) $(2x+2)^3=$ ______

b) $(-2x-7y)^3=$ ______

Terme umformen

Kreuze gleich nach der Fertigstellung der Aufgabe an, wie du mit der Lösung der Aufgabe zurechtgekommen bist. Trage später nach dem Vergleich mit den Lösungen ein, wie viele Aufgaben du richtig gelöst hast.

1 Fasse zusammen.

a) $5x - 7x =$ ______ b) $-6x + 9x =$ ______ c) $3x + 16x - 5x =$ ______

d) $-2x + 3y + 6x =$ ______ e) $-x - 12 - 12x =$ ______ f) $4y - 3x - 9y + 12x =$ ______

g) $12x^2 + 4x - 18 - 9x =$ ______ h) $-17x - 28 - 9x + 7 + 3x =$ ______

Zusammenfassen /8

2 Ergänze.

a) $18x -$ ___ $= 7x$ b) $-12x +$ ___ $= 13x$ c) $23x -$ ___ $= -23x$ d) $2x -$ ___ $+ 6x = 8x - 9$

e) $9x^2 +$ ___ $- 5x = 9x^2 + 4x$ f) $2x -$ ___ $+ 8y +$ ___ $= -x + 11y$ g) $-3x +$ ___ $+ 6y -$ ___ $= -6x + 12y$

Zusammenfassen /

3 Vervollständige die Tabelle.

a)

$\cdot$	2	$-4x$	$9y$	-12
$6x$				
$-8y$				

b)

$:$	6	-2	$3x$	$-4x$
$-36xy$				
$60x^2$				

Terme multiplizieren und dividieren /16

4 Ergänze.

a) $9 \cdot$ ___ $= 72x$ b) ___ $: 4 = 3x$ c) ___ $\cdot 6x \cdot 2 = -60x$ d) ___ $\cdot (-4y) \cdot 8 = 96xy$

e) $50xy :$ ___ $= 10xy$ f) $3y \cdot 2x \cdot$ ___ $= 30xy^2$ g) $30xy :$ ___ $= 15y$ h) ___ $\cdot (-2x) \cdot (-3x) = -60x$

Terme multiplizieren und dividieren /8

5 Vereinfache.

a) $17x - (12 - 8x - 3 + 2x) =$ ______ b) $17x - (12 - 8x) - 3 + 2x =$ ______

c) $-(8y + 6x) - 4y + 12x =$ ______ d) $-8y + 6x - (4y + 12x) =$ ______

Terme mit Klammern /4

6 Klammere gemeinsame Faktoren aus bzw. multipliziere aus.

a) $14x - 21 =$ ______ b) $-28x + 32 =$ ______ c) $5xy + 25x =$ ______

d) $-8x^2 - x =$ ______ e) $\frac{1}{2}x + \frac{1}{4}y =$ ______ f) $-48y - 16y^2 - 32xy =$ ______

g) $3(2x + 4) =$ ______ h) $5(7 - 6x) =$ ______ i) $-12\left(\frac{1}{2}x - 3\right) =$ ______

j) $-2x(y - 6) =$ ______ k) $\frac{1}{2}x(2y - 8) =$ ______ l) $-\frac{1}{4}y(y + 20x) =$ ______

Ausmultiplizieren und ausklammern ☹ 😐 🙂 😀 /12

7 Ergänze

a) $6x - 9 =$ ____ $(2x -$ ____ $)$ b) $25 +$ ____ $= 5($ ____ $+ 10x)$ c) ____ $- 17x^2 =$ ____ $(28 - 17x)$

d) $18xy + 15x + 9x^2 =$ ____ $($ ____ $+ 5 +$ ____ $)$ e) $2xy - 5y^2 + 8y =$ ____ $(2x -$ ____ $+$ ____ $)$

Ausmultiplizieren und ausklammern ☹ 😐 🙂 😀 /5

8 Multipliziere aus und fasse so weit wie möglich zusammen.

a) $(x + 3)(x + 5) =$ ______ b) $(6 - x)(4y + 8) =$ ______

c) $(x - 4)(3 + 2x) =$ ______ d) $\left(\frac{1}{2}x - 6\right)(3y - 4) =$ ______

e) $(4x - 7)(2x - 3y + 8) =$ ______

f) $(-6x - 5)(3y - 2x - 5) =$ ______

Summen multiplizieren ☹ 😐 🙂 😀 /6

9 Wandle mithilfe der binomischen Formeln um.

a) $(x + 9)^2 =$ ______ b) $(2x + 5)^2 =$ ______ c) $(6x - 2y)^2 =$ ______

d) $4x^2 - 16x + 16 =$ ______ e) $(9 + 8x)(9 - 8x) =$ ______ f) $\left(\frac{1}{2}x - 20\right)^2 =$ ______

g) $36 + 108y + 81y^2 =$ ______ h) $144 - 4x^2 =$ ______ i) $16x^2 - 56x + 49 =$ ______

j) $16x^2 - 8x + 1 =$ ______ k) $36 - 6x + \frac{1}{4}x^2 =$ ______ l) $121x^2 - y^2 =$ ______

Binomische Formeln ☹ 😐 🙂 😀 /12

Solltest du bei Aufgaben noch weiteren Übungsbedarf haben, dann schau in der Ausgangsdiagnose nach, welches Angebot dir zu dem jeweiligen Thema zur Verfügung steht.

S. 60, 61 ←

Gleichungen

	Aufgabe	w	f	Bemerkungen oder richtige Lösungen	Richtig gelöst? ✓
1	Eva ist drei Jahre jünger als Tom. Zusammen sind sie 17 Jahre alt. Gleichung (e steht für Evas Alter): $e + e - 3 = 17$				
	Anton hat eine bestimmte Anzahl 2-Euro-Stücke und dreimal so viele 1-Euro- Stücke. Insgesamt besitzt er 50 €. Gleichung (x steht für die Anzahl der 2-Euro-Stücke): $x + 3x = 50$				
	Gruppe 1 hat 2 Mitglieder mehr, Gruppe 2 eins weniger als Gruppe 3. Insgesamt sind es 80 Personen. Gleichung (x steht für die Anzahl in Gruppe 3): $x + x + 2 + x - 1 = 80$				
	Tom und Luca sind Zwillinge. Zusammen mit ihrer drei Jahre älteren Schwester Andrea sind sie 20 Jahre alt. Gleichung (x steht für das Alter eines Zwillings): $2x + x + 3 = 20$				
	Für seine Geburtstagsfeier gibt Jan 90 € aus. Für Getränke zahlt er dreimal so viel wie für Speisen. Gleichung (x gibt die Ausgabe für Speisen in € an): $x + 3 + x = 90$				

Gleichungen aus Sachsituationen S. 70, Nr. 1 ← geübt?

	Aufgabe	w	f	Bemerkungen oder richtige Lösungen	Richtig gelöst? ✓
2	Das Dreifache von x um 7 erhöht ergibt 23. Gleichung: $3x + 7 = 23$				
	Das Doppelte von x ist um 2 kleiner als das Dreifache dieser Zahl. Gleichung: $2x - 2 = 3x$				
	Die Summe aus x und seinem Nachfolger beträgt 51. Gleichung: $x + 1 = 51$				
	Ein Rechteck hat die Breite x cm. Die Länge ist um 5 cm größer als die Breite. Der Umfang beträgt 25 cm. Gleichung: $2x + 5 + 2x = 25$				
	Die Grundseite eines gleichschenkligen Dreiecks mit dem Umfang 24 cm hat die Länge x cm. Die Schenkel sind jeweils doppelt so lang wie die Grundseite. Gleichung: $2x + 2x + x = 24$				

Gleichungen aus mathematischen Texten www 068-1 S. 70, Nr. 2; S. 71, Nr. 3 ← geübt?

Aufgabe	w	f	Bemerkungen oder richtige Lösungen	Richtig gelöst? ✓

3 Überprüfe, ob die beiden Gleichungen äquivalent zueinander sind.

$3x + 2 = 10; \quad 3x = 5$				
$-7x = 14; \quad x = 21$				
$-3a - 7 = 5a - 15; \quad 8a = 8$				
$9m - 13 + 7m = 3m; \quad 13m = 13$				
$\frac{1}{10}x + \frac{3}{8} = -\frac{2}{8}; \quad x = \frac{1}{80}$				

Gleichungen umformen und lösen — www 069-1 — S. 71, Nr. 4, 5 ← geübt?

4 Überprüfe, ob die beiden Gleichungen äquivalent zueinander sind.

$(x - 4) \cdot 2 = 2; \quad x = 5$				
$-8(y - 6) = 64; \quad -8y = 70$				
$(x - 5)(2 + x) = x^2 + 2; \quad -3x - 10 = 2$				
$(x - 4)^2 = (x - 3)(x + 1);$ $-8x + 16 = -2x - 4$				

Gleichungen mit Klammern — S. 72, Nr. 6 ← geübt?

5

① 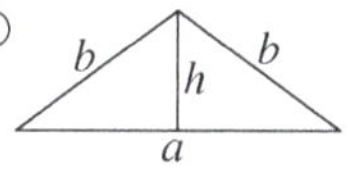

② 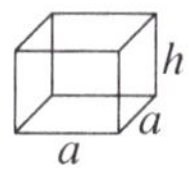

Wenn der Umfang u in ① 20 cm beträgt, nutzt man zur Berechnung von b die Formel $b = (20\,\text{cm} - a) : 2$.				
Wenn man in ① das Dreieck entlang der Höhe h in zwei Teildreiecke zerlegt, gilt für den Umfang u eines der Teildreiecke $u = a + b + h$.				
Für den Quader in ② heißt die nach h umgestellte Formel $h = V : a^2$.				

Formeln aufstellen und umformen — S. 72, Nr. 7, 8, 9 ← geübt?

Hast du alles richtig gemacht bzw. hast du entsprechend geübt, solltest du auf jeden Fall auch komplexe Aufgaben lösen, bevor du dich dem nächsten Thema widmest.

S. 73, Nr. 10, 11, 12 ← geübt?

Gleichungen

Basisaufgaben

Gleichungen aus Sachsituationen

1 Formuliere zunächst eine Frage. Lege dann fest, wofür die Variable stehen soll und stelle eine Gleichung auf.

a) Irina ist zwei Jahre älter als ihr Bruder. Zusammen sind sie 20 Jahre alt.

b) In Gruppe 1 sind vier Mitglieder weniger als in Gruppe 2. Zusammen sind es 54 Personen.

c) Tom hat $\frac{2}{3}$ der Gesamtpunktzahl bei einer Mathearbeit erreicht, das sind 22 Punkte.

d) Von den 70 Toren einer Saison haben die Stürmer 26 Tore mehr geschossen als die anderen Mitspieler.

e) Ina bekommt doppelt so viel Taschengeld wie Eva und dreimal so viel wie Jan. Zusammen bekommen sie 28 €.

f) Am Ende eines Handballspiels betrug die Tordifferenz 3 Tore. Insgesamt fielen 35 Tore.

Gleichungen aus mathematischen Texten

2 Stelle eine Gleichung auf und löse sie.

a) Eine Zahl um 3 vermehrt ist gleich dem Doppelten dieser Zahl verringert um 2.

b) Wenn man eine Zahl vervierfacht, ist das das Gleiche wie die Summe aus dieser Zahl und 12.

c) Ein Drittel einer Zahl ist um 6 kleiner als zwei Drittel dieser Zahl.

d) Subtrahiert man von 33 eine Zahl, so erhält man das Doppelte dieser Zahl.

e) Das Fünffache einer Zahl ist um 7 größer als die Summe dieser Zahl und 17.

3 Stelle eine Gleichung auf, sodass du die gesuchten Größen berechnen kannst und ergänze die Lücken.

a) In einem Rechteck mit 54 cm Umfang ist die Seite a doppelt so lang wie die Seite b. $a =$ ____ ; $b =$ ____

b) In einem gleichschenkligen Dreieck mit 22 cm Umfang sind die Schenkel b und c jeweils 2 cm länger als die Grundseite a. $a =$ ____ ; $b = c =$ ____

c) In einem Dreieck mit 52 cm Umfang ist die Seite b doppelt so lang wie die Seite a. Die Seite c ist 4 cm länger als die Seite a. $a =$ ____ ; $b =$ ____ ; $c =$ ____

d) In einem Rechteck mit 50 cm Umfang ist die Seite b 5 cm kürzer als die Seite a. $a =$ ____ ; $b =$ ____

Gleichungen umformen und lösen

4 Ergänze in jeder Zeile die ausgeführte Äquivalenzumformung und vervollständige die letzte Gleichung.

a) $7x - 4 = 17$ | ____
$7x = 21$ | ____
$x =$ ____

b) $-3x - 11 = -44$ | ____
$-3x = -33$ | ____
$x =$ ____

c) $\frac{1}{2}x + 9 = 21$ | ____
$\frac{1}{2}x = 12$ | ____
$x =$ ____

d) $\frac{3}{4}x - 5 = 1$ | ____
$\frac{3}{4}x = 6$ | ____
$x =$ ____

e) $6x + 16 = x + 21$ | ____
$5x + 16 = 21$ | ____
$5x = 5$ | ____
$x =$ ____

f) $-4x - 10 = 7x - 54$ | ____
$-11x - 10 = -54$ | ____
$-11x = -44$ | ____
$x =$ ____

g) $8 + \frac{1}{2}x = x + 2$ | ____
$6 + \frac{1}{2}x = x$ | ____
$6 = \frac{1}{2}x$ | ____
$x =$ ____

h) $\frac{3}{4}x + 6 = \frac{1}{2} - 2x$ | ____
$\frac{11}{4}x + 6 = \frac{1}{2}$ | ____
$\frac{11}{4}x = -\frac{11}{2}$ | ____
$x =$ ____

5 Löse die Gleichung durch Äquivalenzumformung.

a) $8x + 5 = 37$

b) $-2x - 11 = 53$

c) $13x + 24 = 10x + 6$

d) $-7x + 7 = x - 5$

e) $13x - 24 = 10x + 6$

f) $\frac{1}{2}x - 7 = \frac{1}{4}x + 3$

g) $-2x + 6 = \frac{1}{2}x - 4$

h) $\frac{1}{2}x = 25 - \frac{1}{3}x$

Gleichungen mit Klammern

6 Bestimme x.

a) $9x - (6 + 3x) = 9 + 3x$

b) $7x + 4 = 3\,(x - 8)$

c) $5\,(x - 3) = -3\,(5 - 2x)$

d) $(x + 8)\,(x + 3) = (x + 5)^2$

e) $(x - 5)\,(x - 2) = (x - 3)^2 - 3$

f) $(x + 5)\,(x - 1) = (x - 3)\,(x + 3)$

Formeln aufstellen und umformen

7 Stelle die Grundformel der Prozentrechnung $W = G \cdot p\,\%$ nach G und $p\,\%$ um. Vervollständige dann die Tabelle.

$G =$ ______

$p\,\% =$ ______

G	500 €		1250 kg	400 m		
W	15 €	36 €	50 kg	240 m	1870 €	13,21
$p\%$		9 %			85 %	22 %

8 Stelle eine Formel zur Berechnung des Flächeninhalts der Gesamtfläche auf und stelle diese nach a, b bzw. c um. Vervollständige dann die Tabelle.

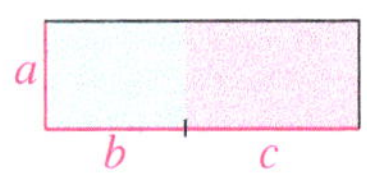

$A =$ ______

$a =$ ______

$b =$ ______

$c =$ ______

A	20 cm²	40 cm²	108 m²	95 cm²	24 cm²	81 cm²
a		4 cm		5 cm	3 cm	1 cm
b	5 cm		13 m	1 dm	2 cm	
c	3 cm	3 cm	14 m			4 dm

9 Stelle für den Quader die Formeln für das Volumen V, die gesamte Kantenlänge k und die Oberfläche O auf. Stelle diese Formeln anschließend nach a um.

a)

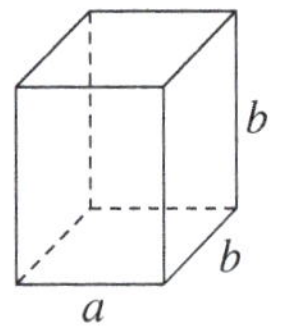

$V =$ ______; $a =$ ______

$k =$ ______; $a =$ ______

$O =$ ______; $a =$ ______

b)

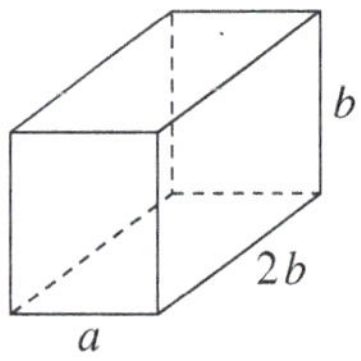

$V =$ ______; $a =$ ______

$k =$ ______; $a =$ ______

$O =$ ______; $a =$ ______

Komplexe Aufgaben

10 Fünf Freundinnen berichten über ihren Schlaf in der letzten Nacht.
Anna: „Ich habe eine Stunde länger als Beate geschlafen.“ Beate: „Insgesamt haben wir fünf 38 Stunden geschlafen.“
Christine: „ Ich habe drei Stunden weniger geschlafen als Beate.“
Diana: „Ich halb so lang geschlafen wie Anna und Christine zusammen.“
Elke: „Ich habe 2 Stunden länger geschlafen als Diana.“
Gib an, wie viele Stunden jede geschlafen hat.

11 Zu einer Balkenwaage gehören drei Massestücke, ein 20-g-Stück, ein 30-g-Stück und ein 50-g-Stück. Welche verschiedenen Massen kann man mit diesen drei Massestücken abwiegen? Es gibt neun verschiedene Möglichkeiten und die Gewichtsstücke dürfen auch auf beide Waagschalen verteilt werden.

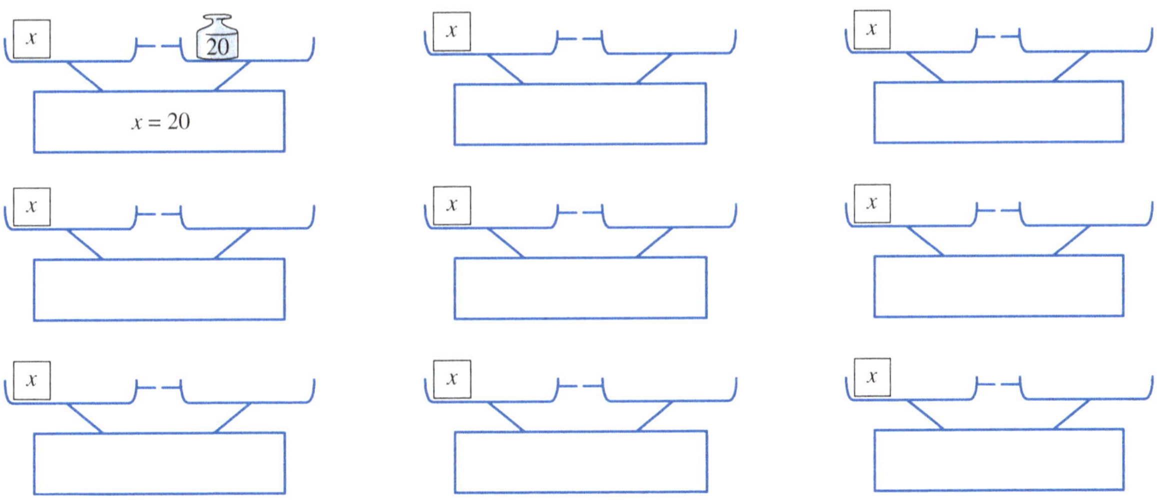

12 Audiodateien (z. B. von Musikstücken) können durch das mp3-Verfahren in wesentlich kleinere Dateien umgewandelt werden. Über Klangqualität und Dateigröße der mp3 entscheidet die Bitrate, mit der umgewandelt wurde. Gebräuchliche Bitraten sind 128 kBit/s, 160 kBit/s und 192 kBit/s. Die Formel gibt an, wie Bitrate, Spieldauer und Dateigröße zusammenhängen: Größe der mp3 in MB $= \frac{\text{Spieldauer in s} \cdot \text{Bitrate} \cdot 1000}{1024 \cdot 1024 \cdot 8}$

Erstelle eine Übersicht, aus der die Gesamtspielzeit eines mp3-Players mit 4 GB Speicher für die drei angegebenen Bitraten hervorgeht (1 GB = 1024 MB).

Gleichungen

Kreuze gleich nach der Fertigstellung der Aufgabe an, wie du mit der Lösung der Aufgabe zurechtgekommen bist. Trage später nach dem Vergleich mit den Lösungen ein, wie viele Aufgaben du richtig gelöst hast.

1 Stelle zu der Situation eine Gleichung auf, mit deren Hilfe man die Frage beantworten kann. Notiere, wofür die Variable steht.

a) Annika ist halb so alt wie ihr Bruder. Zusammen sind sie 21 Jahre alt. Wie alt ist Annika?

Gleichung: ______________ Variable steht für: ______________

b) Marios Taschengeld erhöht sich pro Jahr um 2 €. In drei Jahren wird er 20 € bekommen. Wie viel Taschengeld bekommt er zurzeit?

Gleichung: ______________ Variable steht für: ______________

c) Eine Schultheateraufführung kostet für Erwachsene 3 €, für Schüler 1 € Eintritt. Die Anzahl der Schüler beträgt das Vierfache der Anzahl Erwachsener. An der Kasse wurden 560 € eingenommen. Wie viele Erwachsene nahmen teil?

Gleichung: ______________ Variable steht für: ______________

d) Die drei Geschwister August, Nicola und Lotta sind zusammen 30 Jahre alt. August ist 4 Jahre jünger als Nicola, Lotta wird in zwei Jahren doppelt so alt sein wie Nicola es jetzt ist. Wie alt ist Nicola?

Gleichung: ______________ Variable steht für: ______________

e) Im Eisstadion beträgt der Eintritt für Erwachsene 2 € mehr als der für Kinder. Für Familie Geisler (2 Erwachsene, 3 Kinder) beträgt der Eintritt insgesamt 24 €. Wie viel kostet der Eintritt pro Kind?

Gleichung: ______________ Variable steht für: ______________

Gleichungen aus Sachsituationen ☹ 😐 🙂 😀 /

2 Stelle eine Gleichung zur Bestimmung der gesuchten Zahl auf und löse sie.

a) Wenn man von dem Doppelten einer Zahl 5 subtrahiert, erhält man 13.

____

b) Die Differenz aus dem Vierfachen einer Zahl und 17 ist um 5 größer als das Doppelte dieser Zahl.

____

c) Die Summe aus einer Zahl und ihrem Nachfolger beträgt das Dreifache dieser Zahl.

____

Gleichungen aus mathematischen Texten ☹ 😐 🙂 😀 /

3 Bestimme die Seitenlängen mithilfe einer Gleichung.

a) In einem Rechteck ist die eine Seite 3-mal so lang wie die andere. Der Umfang beträgt 96 cm.

____

b) In einem gleichschenkligen Dreieck ist die Basis 3 cm kürzer als ein Schenkel. Der Umfang beträgt 27 cm.

____

Gleichungen aus mathematischen Texten ☹ 😐 🙂 😀 /

4 Unter den folgenden Gleichungen sind je zwei Gleichungen äquivalent zueinander. Finde die Paare, schreibe die Gleichungen untereinander und löse nach x auf.

$2x + 4 = 12$ $\quad$ $5x = 15$ $\quad$ $-4x + 6 = x - 9$ $\quad$ $2x = 10$

$2x = -6$ $\quad$ $9x - 13 = -3 + 7x$ $\quad$ $2x - 6 = 4x$ $\quad$ $2x = 8$

Gleichungen umstellen und lösen

/4

5 Löse nach x auf. Notiere die Äquivalenzumformungen.

a) $3\,(x + 4) = 12$ $\quad$ b) $-6\,(8 - x) = -6x$ $\quad$ c) $(2x - 3)\,(x + 2) = 2x^2$ $\quad$ d) $(x + 2)^2 = x^2 + 40$

Gleichungen mit Klammern

/4

6 Gib eine Formel zur Berechnung des Umfangs des gleichschenkligen Dreiecks an. Stelle die Formel nach a und nach b um. Berechne mithilfe der Gleichungen die fehlenden Werte in der Tabelle.

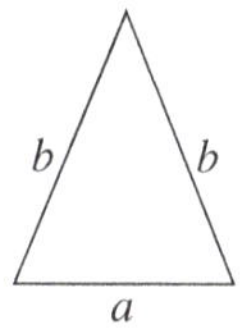

$u =$ ____________

$a =$ ____________

$b =$ ____________

u	24 cm	38 cm	127 cm	83 cm	17 cm
a	6 cm	14 cm			8 cm
b			16 cm	19 cm	

Formeln aufstellen und umformen

/8

7 Überprüfe, ob die Formel richtig umgestellt wurde. Korrigiere, falls erforderlich.

Formel: $A = \frac{1}{2}\,g\,h$ $\quad$ nach g umgestellt: $g = \frac{A}{2\,h}$ ____________ $\quad$ nach h umgestellt: $h = A - \frac{1}{2}\,g$ ____________

Formeln aufstellen und umformen

/2

Solltest du bei Aufgaben noch weiteren Übungsbedarf haben, dann schau in der Ausgangsdiagnose nach, welches Angebot dir zu dem jeweiligen Thema zur Verfügung steht.

S. 68, 69 ←

Termrennen – Ein Spiel für 2 bis 4 Personen

Benötigt werden ein Würfel und pro Spieler eine Spielfigur.

Spielregeln:
Zu Anfang stehen alle Figuren auf Start.
Wer an der Reihe ist, würfelt. Dann wählt er einen der sechs vorgegebenen Terme aus und setzt die gewürfelte Zahl in diesen Term für x ein.
Der Wert des Termes gibt die Anzahl der Felder an, die die Spielfigur nun bewegt wird. Ist der Wert positiv, geht es aufwärts, ist er negativ, geht es abwärts.
Ausnahmen: Wer eine 5 würfelt setzt aus, wer eine 6 würfelt geht 6 Felder in die Richtung, in die er möchte.
Würde ein Zug weiter gehen, als es das Spielfeld zulässt, bleibt die Figur auf dem letzten Feld stehen. Hat ein Spieler seinen Zug gemacht, ist der nächste an der Reihe.

Ziel des Spiels:
Wer als erster mindestens einmal auf jedem Feld gestanden hat, ist der Sieger.
Zum Abkürzen kann man auch eine Variante spielen: Wer als erster 10 verschiedene Felder besetzt hat, ist Sieger.

Tipp:
Um euch zu erinnern, wer schon auf welchem Feld war, tragt z. B. euren Anfangsbuchstaben mit Bleistift ein, wenn eure Spielfigur erstmals auf dem Feld steht.

Terme:

I: $2x + 1$

II: $2x - 3$

III: $x - 4$

IV: $-x - 1$

V: $-x + 5$

VI: $-3x$

Domino

Aus den Karten kann ein „Gleichungsdomino" entstehen. Du kannst aber hier auch mit Nummern die Abfolge der Kärtchen angeben.
Jeder Mitspieler erhält vier Karten, die er für die anderen verdeckt auf die Hand nimmt. Eine Karte wird offen auf den Tisch gelegt. Die restlichen Karten bilden verdeckt den Stapel. Wer an der Reihe ist, versucht, eine seiner Karten an die Karten auf dem Tisch anzulegen. Zwei Karten passen aneinander, wenn eine Gleichung an die passende Lösung gelegt wird oder andersherum. Passt keine Karte, muss eine Karte vom Stapel gezogen werden und der nächste ist an der Reihe. Gewonnen hat, wer als erster alle Karten angelegt hat.

$x=-1$	$4x+7=15$	$x=2$	$2x+5=21$	$x=8$	$3x+1=10$
$x=3$	$4x-3=5$	$x=2$	$2x-9=7$	$x=8$	$3x-5=10$
$x=5$	$-4x+7=11$	$x=-1$	$-2x+5=17$	$x=-6$	$-3x+8=11$
$x=-1$	$-4x+6=30$	$x=-9$	$-2x+12=10$	$x=1$	$-3x+12=18$
$x=-2$	$6x+8=2$	$x=-1$	$7x+16=2$	$x=-2$	$3x-11=13$
$x=8$	$3x+3=-15$	$x=-6$	$3x+14=-4$	$x=-6$	$-5x+7=-8$
$x=3$	$-6x+20=-28$	$x=8$	$-12x-6=-30$	$x=2$	$-9x-6=12$
$x=-2$	$5x+8=-22$	$x=-6$	$-12x-18=-6$	$x=-1$	$2x+2=11-x$
$x=3$	$7x=8+3x$	$x=2$	$4x+7=15+3x$	$x=8$	$x-14=-x-18$
$x=-2$	$-x+6=-2x$	$x=-6$	$-17x+22=39$	$x=-1$	$8x+7=-2x+37$
$x=3$	$-19x+4=-34$	$x=2$	$9x-32=40$	$x=8$	$-11x=-x+10$

Terme und Gleichungen

Kreuze gleich nach der Fertigstellung an, wie Du mit der Lösung der Aufgabe zurechtgekommen bist. Trage nach dem Vergleich mit den Lösungen ein, wieviele Aufgaben Du richtig gelöst hast.

Terme für die Aufgaben 1 bis 3: ① $6x - 12$; ② $6x + 12$; ③ $12x + 8$; ④ $3x + 4$; ⑤ $x - 5$; ⑥ $3x + 2$; ⑦ $6x$;
⑧ $\frac{1}{2}x + 6$; ⑨ $15x$; ⑩ $\frac{1}{2}x - 12$; ⑪ $\frac{1}{2}x - 9$; ⑫ $3x - 2$; ⑬ $x + 15$; ⑭ $\frac{1}{2}x + 9$

1 Ordne jeder Teilaufgabe einen der gegebenen Terme richtig zu.

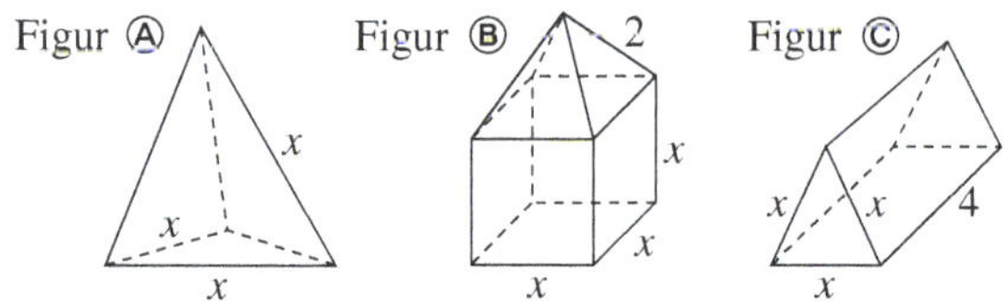

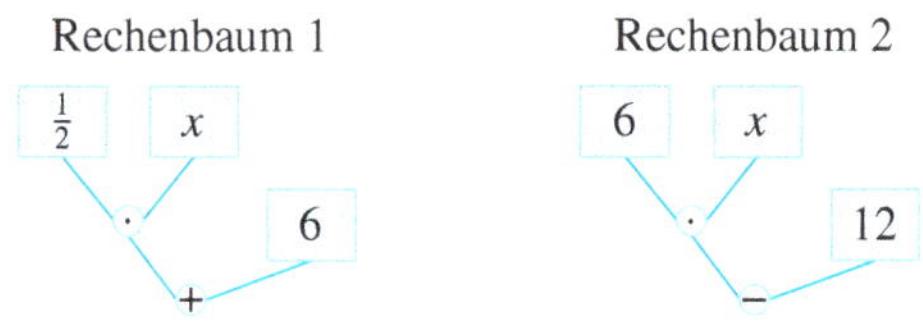

a) Ein Fußballverein hat 15 Tore mehr geschossen als in der Vorsaison. Term: ____

b) August hat in der Mathearbeit 9 Punkte mehr als Tom, der die Hälfte der Gesamtpunktzahl erreicht hat. Term: ____

c) Bei der Klassensprecherwahl hat Frank alle Stimmen bis auf 5 bekommen. Term: ____

d) Miras Vater war vor 2 Jahren 3-mal so alt wie Mira jetzt ist. Term: ____

e) die gesamte Kantenlänge von Figur Ⓑ Term: ____

f) Rechenbaum 1 Term: ____

g) das Dreifache einer Zahl vermindert um 2 Term: ____

h) das 15-fache einer Zahl Term: ____

i) die gesamte Kantenlänge von Figur Ⓒ Term: ____

j) Rechenbaum 2 Term: ____

k) die Hälfte einer Zahl um 9 vermindert Term: ____

l) die gesamte Kantenlänge von Figur Ⓐ Term: ____

Terme aufstellen

2 Gib für die Terme aus den Teilaufgaben a) bis d) aus Aufgabe 1 jeweils an, wofür die Variable und wofür der Term steht

	Term	x steht für …	der Term steht für …
a)			
b)			
c)			
d)			

Terme aufstellen

3 Berechne in a) die Termwerte für $x = 4$ und in b) die Zahl x, sodass der Termwert 3 ist.

a) ① ______; ② ______; ③ ______; ④ ______; ⑤ ______; ⑥ ______; ⑦ ______;

b) ⑧ ______; ⑨ ______; ⑩ ______; ⑪ ______; ⑫ ______; ⑬ ______; ⑭ ______;

Termwerte berechnen

GESAMTDIAGNOSE

4 Ergänze die Termmauer.

a) Addiere benachbarte Terme.

$2x \quad 7 \quad 6x \quad 4$

b) Multipliziere benachbarte Terme.

$3x \quad 2 \quad -2 \quad x$

c) Rechne mit benachbarten Termen wie angegeben.

$-$

$+ \quad -$

$2x \;\cdot\; 7 \;+\; 3x \;-\; 9x$

Terme zusammenfassen und multiplizieren

/18

5 Schreibe die Summe als Produkt.

a) $24x^2 - 6x =$ ______ b) $42x^2 - 84x =$ ______ c) $2x - 14 + 6y =$ ______

d) $15x + 9 - 6x^2 =$ ______ e) $ax + x =$ ______ f) $4x^2 - 4a + 48 =$ ______

Ausmultiplizieren und Faktorisieren

/6

6 Richtig oder falsch? Korrigiere, falls nötig.

a) $3\,(4x - 7) = 12x - 21$ ______ b) $7 \cdot (-6x + 9) = -42 + 63$ ______

c) $-4\,(8 - 5x) = -32 - 20x$ ______ d) $28x + 35 - 7y = 7\,(4x + 5 - y)$ ______

e) $-38x^2 + 19x = 38x\,(x + 2)$ ______ f) $-44x - 8xy = -4\,(11x - 2xy)$ ______

Ausmultiplizieren und Faktorisieren

/6

7 Löse die Klammern auf

a) $(3x + 2)(8x - 7) =$ ______ b) $(4 + x)(2 + 8y) =$ ______

c) $(-x - 4)(2y - 4) =$ ______ d) $(3x + 2)(3x - 2) =$ ______

e) $(x + 4)^2 =$ ______ f) $(8x - y)^2 =$ ______

Multiplizieren von Summen

/6

8 Wandle, falls möglich, mithilfe einer binomischen Formel um.

a) $9x^2 + 12x + 4$ ______ b) $x^2 - 2xy + 4y^2$ ______ c) $81 - 18x + x^2 =$ ______

Binomische Formeln

/3

9 Ordne eine der gegebenen Gleichungen richtig zu.
① $2x + 2 = 24$; ② $3x - 6 = 24$; ③ $2x + 6 = 24$; ④ $2x + 8 = 24$; ⑤ $3x + 6 = 24$; ⑥ $2x - 2 = 24$

a) Maja und ihre 2 Jahre jüngere Schwester sind zusammen 24 Jahre alt. Gleichung: ___
b) Bei einem gleichschenkligen Dreieck ist die Grundseite mit 6 cm angegeben. Die Länge der Schenkel ist unbekannt, der Umfang beträgt 24 cm. Gleichung: ___
c) Beim Fußball bringt ein Sieg 3 Punkte, ein Unentschieden 1 Punkt. Ein Verein hat 24 Punkte, davon sind 6 durch Unentschieden entstanden, der Rest durch Siege. Gleichung: ___
d) Das Zweifache einer Zahl um 2 vermehrt ergibt 24. Gleichung: ___
e) Die Breite eines Rechtecks beträgt 4 cm. Die Länge ist unbekannt. Der Umfang beträgt 24 cm. Gleichung: ___
f) Subtrahiert man 6 von dem Dreifachen einer Zahl, erhält man 24. Gleichung: ___

Gleichungen aufstellen

10 Löse die Gleichungen von Aufgabe 9 a), b) und c) nach x auf. Gib für jede Aufgabe an, wofür x steht.

a) ___ b) ___ c) ___

x steht für ___ x steht für ___ x steht für ___

Gleichungen umformen

11 Ein Kasten Mineralwasser kostet 1,99 €, ein Kasten Limonade 3,49 €. Pro Kasten werden außerdem 3,30 € Pfand fällig. Stelle eine Formel auf, mit deren Hilfe man den Gesamtbetrag K beim Getränkekauf berechnen kann.

___

Formeln aufstellen und umformen

12 Den Flächeninhalt eines Trapezes berechnet man mit der Formel $A = \frac{1}{2}(a + b) \cdot h$.
Notiere, ob die folgenden Gleichungen jeweils zu dieser Formel äquivalent sind (w) oder nicht (f).

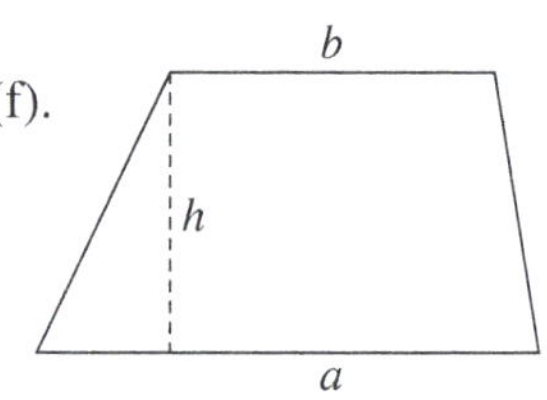

① $b = \frac{2A}{h - a}$ ☐ ② $a = \frac{A}{2h} - b$ ☐ ③ $h = A - 2 : (a + b)$ ☐

④ $h = \frac{2A}{a + b}$ ☐ ⑤ $b = \frac{2A - h}{a}$ ☐ ⑥ $a = \frac{2A}{h} - b$ ☐

Formeln aufstellen und umformen

Solltest du bei Aufgaben noch weiteren Übungsbedarf haben, dann schau in den Ausgangsdiagnosen nach, welches Angebot dir zu dem jeweiligen Thema zur Verfügung steht.

S. 48, 49; 54, 55; S. 60, 61; S. 68, 69 ←